普通高等教育“十四五”规划教材

高分子材料加工工程实验

王慧敏　刁　屾　郑耀臣　编著

中国石化出版社

内 容 提 要

本书分为高分子材料加工工艺实验、配方设计实验、综合实验、标准样条制备以及性能测试五个部分，共包括31个实验项目。工艺实验包括高分子材料成型常见的挤出、注射、模压、搪塑成型等，配方设计实验主要针对塑料和橡胶，综合实验包括聚合物合成或改性、结构表征和应用，性能测试部分涉及常用的力学性能、耐热性能、电性能以及燃烧性能等。

本书可供高等院校高分子材料与工程的本专科学生，以及从事高分子材料生产、应用、研究开发的工程技术人员阅读参考。

图书在版编目(CIP)数据

高分子材料加工工程实验 / 王慧敏，刁屾，郑耀臣编著. — 北京 ：中国石化出版社，2021.8
普通高等教育“十四五”规划教材
ISBN 978-7-5114-6396-8

Ⅰ. ①高… Ⅱ. ①王… ②刁… ③郑… Ⅲ. ①高分子材料-加工-实验-高等学校-教材 Ⅳ. ①TB324-33

中国版本图书馆 CIP 数据核字(2021)第 144590 号

中国石化出版社出版发行
地址：北京市东城区安定门外大街 58 号
邮编：100011　电话：(010)57512500
发行部电话：(010)57512575
http://www.sinopec-press.com
E-mail:press@sinopec.com
北京柏力行彩印有限公司印刷
全国各地新华书店经销
*
710×1000 毫米 16 开本 11.5 印张 203 千字
2021 年 8 月第 1 版　2021 年 8 月第 1 次印刷
定价：30.00 元

前　言

为了编写一本适合高等院校高分子材料与工程专业学生的专业实验教材，我们参考了《普通高等学校本科专业类教学质量国家标准》对于材料类专业实验课程的要求，以此构建本教材的框架，另外增加了一些有特点的综合实验项目。教材的实验项目主要来自烟台大学高分子材料与工程专业近20年的专业实验教学内容，比较完善和成熟。实验采用的设备和仪器都是高分子专业的通用设备和性能测试仪器，具有普遍性，适合一般高分子材料专业实验操作。教材主要包括工艺实验、配方设计实验、综合实验、标准样条制备以及性能测试五个部分，对材料的选择—配方确定—工艺方案设计—材料制备—性能测试及结构分析等全过程进行全面综合训练。

教材中31个实验项目中的实验可以作为独立实验开设，也可以把其中的部分实验调整先后顺序完成一个大型实验，类似一个小型的毕业论文实验，最后实验报告也是以论文的形式上交。例如先进行聚丙烯配方设计(实验九)，之后利用注射工艺实验做出样品样条(实验一、十八)，最后测定性能(第五部分)，实验可以采用小论文的形式书写上交。实验中很多项目需要自行设计、团队合作，改变照本宣科、照单拿药的实验状况，提升了实验效果。在整个过程中通过设计实验、分析与解释数据，并通过信息综合得到合理有效的结论，增进了学生的团队意识，提高了学生的创新意识。教材也可以为高分子材料及相关专业开放实验室的课题选项提供参考。

本教材的性能测试部分由刁屾编写，综合实验部分由郑耀臣编写，其他部分以及全书统稿由王慧敏完成。教材在编写过程中得到苏红军、崔孟忠、黄岩等老师的帮助，以及烟台大学化学化工学院的支持，在此一并表示衷心的感谢。

由于编者水平有限，书中仍然存在许多疏漏，敬请同行专家以及读者批评指正。

目　　录

绪论 ……………………………………………………………………（1）

第一部分　工艺实验 ……………………………………………………（4）

实验一　热塑性塑料的注射成型 ……………………………………（4）

实验二　热塑性塑料的挤出造粒 ……………………………………（18）

实验三　挤出吹塑聚乙烯薄膜 ………………………………………（24）

实验四　模压法制备聚乙烯泡沫塑料 ………………………………（29）

实验五　塑性溶胶的制备和搪塑成型 ………………………………（35）

实验六　橡胶工艺实验 ………………………………………………（41）

塑炼工艺实验 ……………………………………………………（41）

混炼工艺实验 ……………………………………………………（46）

硫化工艺实验 ……………………………………………………（52）

实验七　橡胶硫化曲线(正硫化点)测定 ……………………………（58）

第二部分　配方设计实验 ………………………………………………（63）

实验八　聚氯乙烯配方设计 …………………………………………（63）

实验九　聚丙烯改性设计 ……………………………………………（71）

实验十　异戊橡胶配方设计与工艺 …………………………………（77）

第三部分　综合实验 ……………………………………………………（83）

实验十一　酚醛树脂的模压成型 ……………………………………（83）

实验十二　环氧树脂胶黏剂的制备、表征与性能测试 ………………（91）

实验十三　聚氨酯泡沫塑料的制造 …………………………………（94）

实验十四　可控制流变聚丙烯的制备 ………………………………（98）

实验十五　增容剂的制备以及在聚丙烯/聚酰胺6合金中的应用 ………（103）
实验十六　半连续乳液聚合工艺制备支化聚甲基丙烯酸甲酯 …………（109）
实验十七　聚氯乙烯加工助剂的制备及其应用 …………………………（113）

第四部分　标准样条制备 ……………………………………………………（117）
实验十八　标准样条的制备 ……………………………………………（117）
利用注射机制备标准样条 ……………………………………………（117）
利用制样机制备标准样条 ……………………………………………（119）

第五部分　性能测试 ……………………………………………………（125）
实验十九　力学性能测试 ………………………………………………（125）
拉伸实验 ………………………………………………………………（125）
压缩实验 ………………………………………………………………（131）
弯曲实验 ………………………………………………………………（133）
冲击实验 ………………………………………………………………（136）
硬度实验 ………………………………………………………………（142）
实验二十　耐热性能测试 ………………………………………………（148）
维卡软化点实验 ………………………………………………………（148）
负荷热变形实验 ………………………………………………………（151）
实验二十一　电性能测试 ………………………………………………（154）
电阻系数实验 …………………………………………………………（154）
介电常数、介质损耗角正切实验 ……………………………………（159）
击穿电压、击穿强度和耐电压实验 …………………………………（162）
实验二十二　燃烧性能测试 ……………………………………………（166）
氧指数实验 ……………………………………………………………（166）
烟密度实验 ……………………………………………………………（174）

参考文献 ………………………………………………………………（178）

绪　论

实验是科学研究的基本方法之一。高分子材料加工工程实验是探索和研究高分子材料的加工方法以及高分子材料的结构和性能非常重要的手段，是提高产品质量进行科学管理，同时也是高分子材料与工程专业以及相关专业学生进行学习的必要步骤。只有经过实验训练的学生，才能使理论和实践水平得到提高，成为全面发展的人才。

高分子材料加工工程实验，属于专业实验，实验涉及学过的多方面、多层次的基础理论及工艺等专业理论知识，诸如数学、物理、高分子化学、高分子物理、高分子材料学、机械原理等。学生在实验过程中对所做每一项实验，需要知其实验的意义，了解实验设备和实验仪器的结构、实验原理，掌握正确的操作方法，能获得准确的实验数据，并能正确地进行计算和分析，了解影响测试的因素，分析高分子材料性能与结构的关系、高分子材料性能与成型工艺参数的关系。

高分子材料主要分为塑料、橡胶、纤维、复合材料、胶黏剂和涂料等，其中塑料、橡胶、纤维以及复合材料的加工方式、应用场合和测试方法虽有区别，但其本质是一致的，都符合高分子材料的特性。高分子材料的合成以及加工的方法繁多，其工艺也在不断变化和发展。对于在校学习的高分子专业以及相关专业的大学生，需要掌握与专业有关的实验知识以及实验技能也很多。例如一种制品原料的制备、选择，制品特性和所采用的工艺方法，以及准确对高分子材料进行性能测试和分析，进而评价和应用各种新型高分子材料。

一、高分子材料加工工程实验的目的

按照《工程认证教育标准》对材料类大学生毕业要求，其中有关实验的要求：能够基于科学原理并采用科学方法对复杂工程问题进行研究，包括设计实验、分析与解释数据并通过信息综合得到合理有效的结论。因此高分子材料加工工程实验的目的：

（1）了解和掌握同该专业有关的仪器和设备的使用和操作方法。

（2）通过对实验结果的数据处理和分析讨论，进一步掌握工艺参数的变化对产品性能的影响。

(3) 加强学生对设计型、创新型和综合型实验思路的认识和理解。

(4) 培养学生理论与实践的结合能力，以及集体观念和团队合作的能力。

二、高分子材料加工工程实验的主要内容

根据《普通高等学校本科专业类教学质量国家标准》对于材料类专业实验课程的要求，专业实验包括专业技能训练、材料制备与性能综合实验等。要求开设材料的力学、热学、电学等性能相关的实验至少7项，同时完成至少1种材料的制备，包括原材料的选择—配方计算—工艺方案设计—制备—相关性能测试及结构分析等全过程训练。根据上述要求制定的高分子材料加工工程实验主要内容如下：

(1) 加工工艺实验：主要包括挤出成型、注射成型、模压成型、搪塑成型等。

(2) 配方设计实验：涉及塑料如聚丙烯、聚氯乙烯以及橡胶等的配方设计、混合塑炼、制样等。

(3) 综合实验：涉及材料合成、加工、改性、设备以及工艺等一体的实验。

(4) 性能测试实验：

① 力学性能测试：拉伸强度、弯曲强度、冲击强度、硬度、断裂伸长率、模量等。

② 热性能测定：维卡软化点、热变形温度等。

③ 电性能测试：电阻系数、介电强度、介电常数、击穿电压等。

④ 燃烧性能测定：氧指数、烟密度等。

三、高分子材料加工工程实验注意事项

高分子材料加工工程实验(工艺实验、配方实验以及综合实验)与基础化学实验不同，大部分设备需要加热，处于高温和运转状态，存在很多不安全的因素，因此严格遵守安全操作规程，避免发生人身事故是头等重要的事情。为此要求实验者做到以下几点：

(1) 所有的电器开关、阀门等不经允许不能随意乱动。

(2) 实验前，必须对所有设备的性能及各部件作用充分了解。

(3) 实验室中易燃、易爆化学物质应远离明火及高温场地存放。实验中的原料和药品，注意正确使用，尤其不要将过氧化物与促进剂简单混合，平常放置要有适当间隔。防止将短纤维弄入眼内，造成不必要的眼伤。

(4) 操作仪器设备时注意力要高度集中，禁止做其他工作，特别是试验机和油压机等机械设备，小心搬拆模具，防止机械碰伤。

（5）一些开放式设备，例如开炼机，在辊筒运转时，手不允许接近辊缝，操作时双手尽量避免越过辊筒垂直中心线上部，送料时应握拳，如遇到危险时应立即启动安全刹车。

（6）实验后要切断水、电、气源，工具放回原处，清扫机器及周围卫生。

（7）在实验过程中注意了解掌握性能测试实验方法的标准化，注意实验结果因素的多样性，例如实验环境、实验设备和仪器、实验方法、试样的制备等。

四、高分子材料加工工程实验实验守则(实验室)

（1）实验室是实验教学的重要场所，因此进入实验室前应接受必要的安全教育，严格遵守实验室的各种规章制度，衣着整洁、保持安静，严禁喧哗、抽烟、随地吐痰和乱扔杂物。

（2）必须按照教学安排及实验室开放规定时间到实验室进行实验。

（3）实验前认真阅读实验课教材和实验指导书，按照要求提交实验方案。未预习或者没有按照规定完成预习工作，指导教师有权停止其实验。

（4）实验过程中严格遵守实验室安全管理规定，认真观察和分析实验，如实记录实验数据和现象，不得抄袭他人实验数据和结果，不准臆造实验数据。

（5）实验中注意安全，防止触电、失火、中毒等事件发生，一旦出现类似事件第一时间切断电源、气源，查明原因方可继续实验。

（6）严格遵守仪器设备操作规程，节约实验原材料，杜绝浪费，不准将原料和药品、实验制品私自带出室外。

（7）实验完毕，应将各种设备和仪器开关旋回初始位置，认真填写仪器使用登记表，打扫室内卫生，教师检查实验及其他，合格后方可离去。

（8）在实验时学生必须听从指导教师安排，违反规定不听劝阻者，教师酌情批评，直至停止其实验。

第一部分　工艺实验

工艺实验以成型加工为主，高分子材料与工程专业比较常见的加工工艺实验，诸如塑料的挤出加工、塑料的注射成型、模压成型等。工艺实验中，根据实验内容重点掌握如何控制高分子材料加工中的工艺参数和设备，以及更好领悟材料加工的工艺过程。

实验一　热塑性塑料的注射成型

注射成型也称注塑成型，是塑料成型加工最普遍也是最早的成型方法，大多数的通用塑料、工程塑料、共混料以及复合型材料、泡沫塑料都可以采用注射方法进行成型。注射成型的特点是成型周期短，生产效率高，能一次生产外形复杂、尺寸精度高并且带有金属嵌件的产品，而且容易实现生产的自动化。注射产品除日常的用品外，还可以生产透明、耐磨受力、自润滑、耐高温等性能的结构零件。除热塑性塑料外注射成型还可以用于部分热固性塑料、橡胶的生产。随着注射理论以及注射设备的日臻成熟，极大地促进了注射成型工艺发展和提高，出现了诸如反应注射成型、气体辅助注射成型、结构发泡注射成型、排气式注射成型等。注射成型除了用于成型外还可以与其他工艺配合，例如注射—吹胀—拉伸，生产塑料的中空制品。

一、实验目的

(1) 了解注射成型过程和成型工艺条件。

(2) 掌握注射成型工艺参数的确定以及它们对制品结构形态的影响。

(3) 掌握注射模具的结构、正确操作注射机，掌握注射成型的生产方法。

二、实验原理

热塑性塑料受热软化熔融，在外力作用下流动变形，当冷却后又能转变为固态，而塑料的原有基本性能不发生本质变化，热塑性塑料的注射成型就是利用这一特性的加工方法。

注射成型是将热塑性塑料(一般为粒料)从注射机的料斗送进加热的机筒，经加热熔化呈流动状态后，由柱塞或螺杆的推动，使其通过机筒前端的喷嘴注入闭合模具中，充满模具型腔的熔料在受压的情况下，经冷却后即可保持注射模型腔所赋予的形状，打开模具并顶出制品，完成一个模塑周期。

采用注射成型，可以利用各种不同性质树脂，利用不同的模具，得到尺寸、形状不同的塑料制品。本实验是采用标准样条模具，通过注射过程，使学生对注射成型有初步的了解，并掌握塑料注射成型的工艺条件以及设备操作。

1. 注射成型工艺过程

注射成型工艺过程按先后顺序包括成型前的准备、注射过程、制件的后处理等。

注射前的准备工作主要有原料的检验、着色、干燥，机筒的清洗，脱模剂的选用等。注射过程主要包括各种工艺条件的确定和调整、塑料的熔融塑化、塑料熔体的充模成型和冷却定型等。制件的后处理是对成型后的塑件进行机械加工、抛光、涂饰、退火或调湿处理。注射成型的各个环节对塑件的性能都有很大的影响，其中尤其以注射过程更为重要。

注射成型工艺条件包括注射成型温度、注射压力、注射速度以及与之有关的时间。要想得到满意的注射制品，涉及的生产因素有注射机的性能、制品的结构设计和模具设计、原材料的选择和注射工艺条件。以上几个因素相互关联，缺一不可。当注射机、模具和原料已经确定，工艺条件的选择和控制就成为至关重要的因素。它直接影响塑料熔体的流动行为，塑料的塑化状态和降解行为，制品的结晶和取向，进一步影响塑料制品的外观和性能。如果塑料成型工艺条件选择不当，不但制品性能下降，甚至不能成型一个完整的制品。

2. 工艺条件及其对成型的影响

1）温度

注射成型要控制的温度有机筒温度、喷嘴温度和模具温度。前两种温度主要影响塑料的塑化和流动，而后一种温度主要影响塑料熔体在模腔的流动和冷却。

(1) 机筒温度。温度是保证塑料塑化质量的关键工艺参数之一。机筒热量是通过机筒外加热器对机筒加热获得，温度的高低由温度控制仪表对加热器进行调节和控制。为了便于对机筒进行温度控制，注射机的机筒由 3~4 个温度控制仪表分段对机筒加以控制。机筒温度与熔体温度是有所差别的，在温度控制中必须加以注意。机筒温度的高低与所加工的塑料特性有关。在选择机筒温度时，主要考虑的因素有塑料的品种、塑料的加工温度范围、塑料制件的结构、模具浇注系统的结构、注射机的形式等。

机筒温度的调节应保证塑料塑化良好，能够顺利地进行充模而不引起塑料熔体分解，只有塑化良好的熔体才能顺利地进入模具型腔，才能得到与模具型腔完美一致的制品。塑料塑化良好的前提是物料的温度在熔融温度以上，在物料的分解温度以下，对于无定型塑料，机筒温度应控制在黏流温度(T_f)以上；对于结晶性塑料则机筒温度控制在熔点温度(T_m)以上；但两者的最高机筒温度必须控制在它们的分解温度(T_d)以下。实际上塑料的加工温度范围在 $T_f \sim T_d$ 或 $T_m \sim T_d$ 之间。由于塑料品种不同，或同种塑料因来源、牌号不同，其 $T_f \sim T_d$ 的区间范围也有很大差异。对于加工温度区间范围小的塑料，这种塑料一般是热敏性树脂(例如硬质聚氯乙烯)，温度偏低则可能塑化不良，温度偏高可能引起物料分解。机筒温度的控制不但应该偏低些，使其远离分解温度，而且控温仪表的温度与实际温度误差应尽可能小，避免因仪表的温度误差引起物料塑化不良或者高温分解。对于加热温度区间范围大的塑料，机筒温度范围控制可适当放宽。为了能顺利使熔融物料充满模腔，机筒温度可适当高一些。经试模后，机筒温度已经确定，则不可随意改动，以免因温度的波动引起制品的性能变化。

由于塑料的品种不同，树脂对温度的敏感程度不同(与材料的黏流活化能有关)，有的树脂熔体在温度上升时，黏度下降比较大，有的树脂熔体受温度影响黏度变化比较小。根据树脂的不同，对于黏度受温度影响较大的材料，调整温度的变化比调整其他工艺条件更有效。在同一品种树脂中，因相对分子质量的不同，机筒温度控制有所不同，树脂的相对分子质量比较大，树脂的熔融黏度就比较大，需要比较高的温度；树脂的相对分子质量比较低，树脂的熔融黏度就比较小，温度可适当降低。例如聚碳酸酯(PC)树脂，挤出级的树脂相对分子质量比较高，需要比较高的温度；而注射级的树脂相对分子质量比较低，机筒温度可适当降低。在聚合物基复合材料中，由于树脂中有玻璃纤维填充，熔融树脂的黏度比纯树脂黏度大，并且在熔体充模过程中容易发生纤维取向，制品各向异性。为了保证复合材料顺利成型，机筒的温度应比纯树脂的温度控制高一些。以填料填充树脂时，也要用同样的方法加以处理。

在制品的结构中，制品的厚度有厚薄之分，薄壁制品对熔体的流动阻力比厚壁制品要大一些。对于制品厚度小于 1mm 的制品，其流动阻力增加相当明显，在成型这类制品时，需要适当提高机筒温度。同样，对结构复杂、形状多变、充模流程长的制品也要按同样的思路加以考虑。当然，对于制品厚度达到 4mm 以上的制品，机筒温度应适当降低。

注射机按照塑化方式分为螺杆式注射机和柱塞式注射机。注射成型中如果采用螺杆式注射机，物料塑化时，螺杆的转动使树脂获得较大的剪切摩擦热，同时树脂熔体在螺槽中进行往返的复杂运动，受到强烈的搅拌作用，物料的温度以及均匀性比柱塞式注射机要好得多，物料的熔体温度与机筒的温度误差也要小，因此机筒温度也可以适当降低。

机筒温度的配置，一般靠近料斗一端的温度偏低(便于螺杆加料输送)，从后端到喷嘴方向温度逐渐升高，使物料在机筒中逐渐熔融塑化。对于剪切敏感的塑料，采用螺杆式注射机，由于螺杆的剪切摩擦热有助于物料的塑化，机筒前端的温度也可以略低于中段温度，以防止塑料的过热分解。

(2) 喷嘴温度。机筒前端喷嘴处的温度要单独控制，为防止塑料熔体出现流涎现象，并估计到塑料熔体在注射时，快速通过喷嘴，有一定的摩擦热产生，所以，喷嘴的温度稍低于机筒的最高温度，但不能过低，否则会造成喷嘴的堵塞，增大流动阻力，甚至熔料不能通过喷嘴进入模具型腔，或者把喷嘴处的冷料带入型腔，影响制品的质量。由于喷嘴有不同类型，对于直通喷嘴、流动阻力小的结构，温度可适当降低；而自锁喷嘴，例如弹簧自锁喷嘴和液控喷嘴等，流动阻力较大，其温度应适当提高，以免冷料堵塞喷嘴。

总之，机筒温度和喷嘴温度的控制都会引起物料温度的变化，而料温对成型加工过程、材料的成型性能、成型条件以及制品的物理机械性能等影响密切。通常随着料温的升高，首先熔体黏度降低，机筒、喷嘴和模具浇注系统的压力降减小，塑料熔体在模具中的流动长度增加，从而改善了成型性能；其次，料温升高使注射速率增大，熔化时间和充模时间减少，注射周期缩短；再则，料温升高，制品表面光洁度提高。但温度过高时，塑料容易引起分解，造成材料的物理机械性能下降。

机筒温度与喷嘴温度的选择，也与注射的其他工艺条件有密切的关系。例如选用较低的注射压力时，为保证物料的流动，应适当提高机筒温度和喷嘴温度；反之，机筒温度和喷嘴温度较低，就需较高的注射压力。

在进行注射成型之前，采用“对空注射法”观察物料的塑化情况，螺杆对熔体进行低压低速的对空注射，注射的料条粗细均匀、光亮无银丝、无气泡、韧性好，可以认为物料塑化良好；如果在进行低压低速注射时，喷嘴没有熔体流出，一般认为是物料没有达到塑化温度；如果在进行低压、低速注射时，喷嘴喷出的物料带有白烟以及其他挥发性气体，或者伴有噼噼啪啪的声响，可以认为是树脂中存在水分或者是温度过高物料发生分解。根据上述实际情况，确定最佳的机筒温度和喷嘴温度。

(3) 模具温度。注射模具是成型制件的关键部件之一。熔融的物料进入模具后，需要在短时间内将其冷却至常温，模具温度的高低、温度的均匀性直接影响熔融物料的冷却历程，对制品冷却速度的快慢以及制件的内在性能和外观质量影响极大。每一种塑料都有自己的成型模具温度，如果在成型过程中能始终保持相适应的模具温度，会使塑料的成型性得到极大改善。塑件的冷却时间长短受到模具温度高低的制约，将模具温度保持在允许温度范围的低温状态，显然能缩短注射周期，提高生产效率。如果模具温度发生波动，塑件的收缩率也将发生变化，特别是结晶性塑料，模具的变化对结晶度影响很大，模具温度恒定，也就稳定了成型塑件的尺寸精度。塑件在冷却过程中，模具各处的温度保持均匀，冷却速度一致，制件的各部分收缩率能保持一致，从而防止了塑件的变形。制件在成型过程中，外观受模具温度影响出现的缺陷如溢边、缺料等，可以通过调节模具温度得到解决。自然，塑料在适宜的模具温度下成型，其物理机械性能是最佳状态。

模具温度的高低主要取决于塑料的特性(结晶与否)、树脂的玻璃化转变温度的高低、制品的结构与尺寸以及其他工艺条件(熔料温度、注射速度、注射压力及成型周期)。

对模具温度的控制通常有两种方式，对模具加热或通入冷却水。由于有些塑料的玻璃化转变温度较高，例如聚碳酸酯(PC)，其玻璃化转变温度高达150℃，如果采用冷却水对模具冷却，熔融的PC进入模具，熔体急剧冷却，很快凝固，造成流动困难，甚至不能流动，不能成型。因此，PC的注射成型必须对模具加热(一般采取加热圈或加热棒对模具加热)，并保持设定的模具温度，其温度一般控制在树脂的玻璃化转变温度以下20℃。这样既减少了注射成型的废品，也降低了制品的内应力。对模具冷却的方式是对模具内的流道通入冷却水来控制的，为节约水资源，同时确保模具温度的恒定，通常使用模具温度冷却器，冷却器的控温仪表调节冷凝水的温度，使进入模具的冷却温度保持一致。不管采取什么方法使模具保持定温，对塑料熔体而言都是冷却，因为保持的模具温度都低于塑料的玻璃化转变温度，而这才能使塑料定型和脱模。

无定型塑料熔体注入模腔后，随着温度的不断降低而冷却硬化定型，不产生结晶相的变化。因此模温主要影响熔体的黏度，也就是充模速率。对于熔体黏度较高的塑料，如聚碳酸酯、聚醚、聚砜等，则应采用较高的模温，提高模温可以调节制品的冷却速率，使制品冷却均匀，以防制品因冷却过程温差过大而产生凹痕、内应力和裂纹等缺陷。

结晶性塑料注入模腔后，当温度降低至熔点以下时，即开始结晶。结晶的速率受冷却速率的控制，而冷却速率又取决于模温，因此模具温度直接影响制品的结晶速率和结晶构型。模具温度高时，冷却速率小，但结晶速率大。一般塑料的最大结晶速率的温度都在熔点以下，例如聚丙烯(PP)为0.85倍的熔点。其次，模具温度高时，有利于大分子的松弛过程，分子取向效应小。这种条件仅适合于结晶速率很小的塑料，如聚对苯二甲酸乙二醇酯(PET)。

模具温度对制品的性能影响很大。一般的规律是随着模具温度的升高，熔体的充模长度增加、树脂大分子的取向程度下降、塑料制品的内应力降低、熔体的冷却时间延长、生产效率降低、制品的后收缩增加、制品的密度以及结晶度略有增加。

模具温度不但要保证塑料熔体的有效冷却，而且要使模具的各部分温度均匀一致。由于模具温度的不均匀性，塑料熔体在冷却过程中冷却速率不均匀，常常使制品发生翘曲、变形、凹痕、裂纹和内应力。

塑料品种的不同、制件的复杂性使模具温度的要求呈现多样性。最佳的机筒温度、喷嘴温度、模具温度要通过具体制件进行实验确定。

2）压力

注射过程中的压力包括塑化压力、注射压力和保压压力，它们直接影响塑料的塑化、流动充模，对制品的质量影响较大。

（1）塑化压力（背压）。螺杆式注射机在塑化物料时，塑化好的物料沿着螺杆输送到螺杆端部和喷嘴之间。由于喷嘴的口径较小，螺杆端部塑化的熔融物料不易通过喷嘴流出。而随着螺杆的运转，输送进入螺杆端部的物料逐渐增多，会对螺杆产生一定的反作用力，推动螺杆后退，即螺杆后退受到一定的阻力（来源于注射油缸），单位面积受到的阻力称为塑化压力，亦称预塑背压。其压力的大小可以通过注射机的液压系统中注射油缸的回油背压阀来调整。

塑化压力的作用是明显的，由于塑化压力的存在，螺杆在塑化过程中，后退的速度降低，物料需要较长的时间才到螺杆头部，物料的塑化质量得到提高，尤其是带色母粒的物料颜色的分布更加均匀。由于塑化压力的存在，迫使物料中的微量水分从螺杆的根部溢出，使制件减少银纹和气泡。塑化压力提高塑化质量，也避免了因熔体塑化不良，在充模过程中未融化的微粒将模具的浇注系统堵塞，降低塑件的质量和生产效率。

在塑化过程中，塑化压力的大小取决于螺杆的结构、塑料种类和特性等。过高的塑化压力会增加熔体的温度，造成物料的分解、交联，减少塑化速率，甚至会延长模塑周期。

对于玻璃纤维填充的复合材料，高的塑化压力，会导致熔料中玻璃纤维破碎，熔料温度升高，因此一般采用低的螺杆转速和低塑化压力。对于聚碳酸酯、聚砜、聚苯醚等黏度高的塑料，螺杆转速和塑化压力也不宜过高，以防止螺杆传动系统超载运转。对于熔料黏度低、熔体黏度对剪切速率敏感的塑料，以及喷嘴口径较大的情况下，亦应选用较低的螺杆转速和较低的塑化压力，否则螺杆在旋转塑化树脂的同时螺杆前端熔融的物料从喷嘴处流出，产生流涎现象。

一般操作中，塑化压力的大小应在保证塑化质量的前提下越低越好，其具体数值随所用塑料的品种而异，通常控制注射油缸回油处背压阀的油压不超过1.0MPa。

（2）注射压力。注射机的注射压力是以螺杆顶部对塑料熔体施加的压力为准的。注射压力在注射成型中所起的作用是克服塑料熔体从机筒向模具型腔流动的阻力，保证熔料充模的速率并将熔料压实。可见注射压力与制品的质量和产量有密切的关系。注射压力受到诸如塑料品种、注射机的类型、制件形状和模具的结构以及其他工艺条件等因素的影响。

从克服塑料熔体流动阻力而言，流道的几何因素是首要的，另一个决定因素是塑料的摩擦系数和熔体的黏度，二者是随所用的机筒和模具温度而变化的；此外，注射机的种类、物料是否有润滑剂也都与流道阻力有关。

注射过程中，随注射压力增大，熔体流动性改善，流动长度增加，充模速度提高，制品熔接强度提高，密度增加，收缩率下降。所以，对大尺寸、形状复杂和薄壁制品宜用较高的注射压力；一些熔体黏度大、玻璃化转变温度高（聚碳酸酯、聚砜）的塑料，也宜用较高的注射压力进行注射。但是，由于制品中的内应力随注射压力的增加而加大，所以采用较高注射压力进行注射的塑料制品应进行退火后处理。随着注射压力的增大，制品的大多数物理机械性能通常均有所提高。

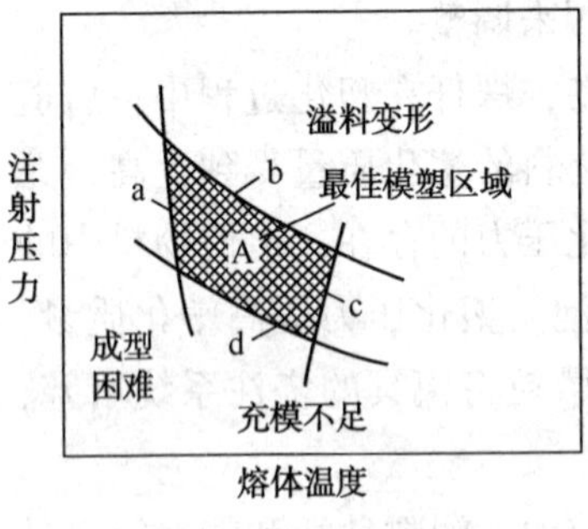

图 1-1　典型的模塑范围

注射过程中，注射压力不是孤立存在的，注射压力与塑料熔体温度实际上是互相制约的，而且与模具温度有密切关系。熔体温度高时，注射压力降低；反之，所需注射压力加大。以熔体温度和注射压力为坐标绘制的成型面积图能正确反映注射成型的适宜条件，如图 1-1 所示。在成型中，适当的注射压力和熔体温度、模具温度的组合都能获得满意的结果，这一面积以外的温度和压力的组合，都会给成型带来困难或给制品造成各种缺陷。

（3）保压压力。注射充模结束后，模具的模腔内的压力达到最高值，此时柱塞或螺杆不能立即退回，必须在该位置上再停留一段时间，该阶段为保压阶段。在保压阶段熔体仍能流动，称为保压流动。保压流动和充模阶段的压实流动都是在高压下的使熔体致密的一种流动。这时的流动特点是熔体的流速很小，不起主导作用，而保压压力却是影响过程的主流因素。

产生保压流动的原因是模腔壁附近的熔体因冷却而产生体积收缩，这样在浇口冻结之前，熔体在注射压力作用下继续向模腔补充熔体，产生补缩的保压流动。当然保压流动的必要条件是压实结束后机筒前端仍有一定量的熔体，且从机筒到模腔的通道能允许熔体通过，即浇注系统没有冻结。

保压阶段的压力是影响模腔压力和模腔内塑料被压缩程度的主要因素。保压压力高，则能补进更多的料，不仅使制品的密度增高，模腔压力提高，而且持续地压缩还能使成型物各部分更好地融合，对提高制品强度非常有利。但在成型物的温度已明显下降之后，在高压下产生变形往往是弹性的，在制品中会造成大的内应力和大分子取向，这种情况反而不利于制品性能的提高。

3）时间(成型周期)

完成一次注射过程所需的时间称为成型周期，也称模塑周期。它包括以下几段时间：

注射时间：充模时间——螺杆前进的时间，保压时间——螺杆停在前进位置的时间。

闭模冷却时间：指合模、锁紧以及制品冷却时间。

其他时间：指开模、顶出制品、涂饰脱模剂、安放嵌件和闭模时间。

成型周期直接影响劳动生产率和设备利用率。因此在生产中，应在保证质量的前提下，尽量缩短成型周期的有关时间。在整个成型周期中，以注射时间、保压时间以及冷却时间最重要。它们对制品的质量有决定性影响。

注射充模时间反比于注射充模速度。注射速度主要影响塑料的熔体在模腔内的压力、温度及制品性能。充模时间一般为3~5s，甚至更短。

保压时间也是影响模腔压力的主要因素，在整个注射时间内占的比例比较大。在保压压力一定的条件下，延长保压时间能向模腔中补进更多的熔体，其效果与提高保压压力相似。在浇口处的熔料封冻之前，保压时间越短，而且压实程度又小，则物料从模中的倒流会使模腔内压力降低得越快，最终模腔压力就越低。但过分延长保压时间，也像过分提高保压压力一样，不仅无助于制品质量的提高，反而有害，例如开模时造成模腔内残余压力大，开模困难。若在封冻之后，保压时间对制品尺寸无影响。当然保压时间的最佳值，依赖于料温、模温以及主浇道和浇口的大小。通常保压时间为 20 ~ 120s，特别厚的制品可高达5~10min。

冷却时间主要取决于制品的厚度、塑料的热性能和结晶性能，以及模具温度等。冷却时间的终点，应以保证制品在脱模时不引起变形为原则。冷却时间一般在30~120s之间。冷却时间过长没有必要，不仅降低生产效率，对复杂制品还将造成脱模困难，强行脱模造成制品产生脱模应力。成型周期中的其他时间则与生产过程中是否连续化和自动化程度有关。

温度、压力和时间为塑料注射成型的主要工艺因素，在确定和选择时，除上述基本原则外，还应主要从以下几个方面考虑：

（1）塑料的品种和塑料的加工温度范围；

(2) 树脂是否需要干燥，采用什么方式干燥；

(3) 成型制品的外观、性能及收缩率。

三、实验原料及设备

1. 原料

聚乙烯(PE)、聚苯乙烯(PS)、聚丙烯(PP)及改性聚丙烯等。

2. 设备

JPH80 型注射机、标准样条模具、游标卡尺。

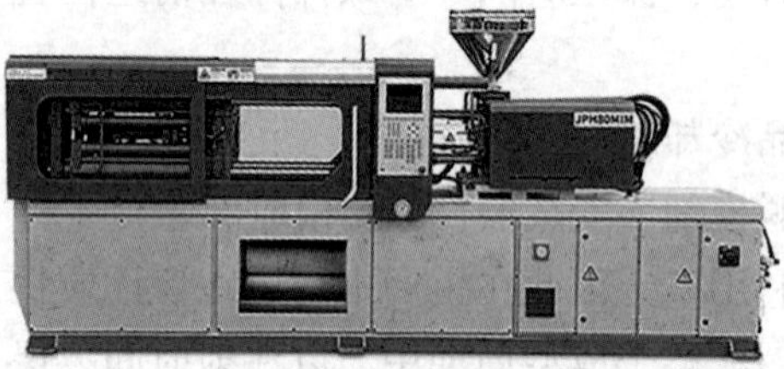

图 1-2　JPH-80 四缸全液压注射机

本实验主要采用 JPH-80 四缸全液压注射机，如图 1-2 所示。

该设备组成如下：

(1) 注射系统：注射系统由螺杆、机筒、油马达、注射油缸、注射座整体移动油缸、加热及冷却装置等组成。主要作用是将送进的塑料熔融塑化，并在高压和高速下将熔体注入模腔。

(2) 锁模系统：锁模系统由动模板、定模板、锁模油缸、移模油缸、拉杆、顶出油缸及增压油缸、机架等组成。其主要作用是靠动模板实施模具开闭往复运动，使固定于模板上的模具锁紧和开启，并将成品从模腔中顶出。

此外注射机还有液压系统、电控系统、监测安保等装置。

注射机的主要技术参数见表 1-1。

表 1-1　注射机的主要技术参数

螺杆直径	长径比	理论注射量	最大注射量	注射压力	注射速率	塑化能力	螺杆最大转速
36mm	20	$125cm^3$	112g(PS)	154MPa	80g/s	11g/s	200r/min
拉杆内距	锁模力	锁模行程	最大开距	最小模厚	顶出行程	油压顶出力	外形尺寸
360mm×305mm	800kN	440mm	600mm	160mm	80mm	28kN	3.35m×1.1m×1.73m

四、实验步骤

1. 注射机开车前的准备工作及开车

为了顺利实验，得到合格产品，需要严格按照实验规程操作注射机：

(1) 检查各按钮、电器线路、操作手柄、手轮等有无损坏或失灵现象，各开关手柄应在“断”的位置。

(2) 检查安全门在轨道上滑动是否灵活，开关能否触动限位开关。

(3) 检查各冷却水管接头是否可靠，通水检查，杜绝渗漏现象。

(4) 检查料斗有无异物，并对机筒进行预热，达到塑料塑化温度后，恒温30min，使各点温度均匀一致。冬季应适当延长预热时间。

(5) 开动电机，油泵开始工作后，应打开液压油冷却器冷却水阀门，对回油进行冷却，以防止油温过高。

(6) 油泵进行短时间空车运转，待正常后关闭安全门，采用手动闭模，打开压力表，检查压力是否上升。

(7) 空车时，手动操作机器，空负荷运转，检查安全门的运行是否正常，指示灯是否熄亮及时，各控制阀、电磁阀动作是否正常，调速阀、节流阀的控制是否灵敏。

(8) 进行半自动操作试车，空车运转几次。

(9) 进行自动操作试车，检查是否运转正常。

2. 注射机的动作程序控制

注射是一个按照预定的顺序做周期性动作的成型方法，这种周期性动作靠注射机提供。注射机的动作过程程序是指注射机在程序周期中各动作的先后次序。常用的往复式螺杆式注射机动作的程序如下：

合模锁紧→注射座整体前移→注射→保压补缩→冷却(预塑化)→开模→顶出制品→合模锁紧

注射机在加工结晶性塑料时，喷嘴不宜长时间同温度低的模具接触。因此，注射机除了上述合模、注射、保压、预塑、开模和制品顶出的动作外，注射座还应在每一循环中动作一次。

1) 加料方式

根据注射座是否移动，可以出现三种加料方式：

(1) 固定加料：指注射机在各次工作循环中，喷嘴始终同模具相接触，也就是在加料过程中，注射座(喷嘴)没有后撤或前移的动作。这种方式比较适用于加工温度范围较宽的塑料，如软聚氯乙烯、聚乙烯、聚苯乙烯和ABS塑料。其特点是可缩短循环周期，提高生产效率。

(2) 前加料：在每次工作循环中，注射部分的喷嘴都需要做一次撤离模具的动作。但喷嘴退回的动作必须在螺杆定量预塑之后进行。这种程序主要用在直通式喷嘴或需要较高背压进行塑化的场合，以减轻喷嘴的“流涎”现象。适于聚酰胺、聚碳酸酯等。

（3）后加料：在每次工作循环中，螺杆塑化计量是在喷嘴退回以后进行的。这种程序可使喷嘴同温度较低的模具接触时间最短。适于加工温度范围较窄的结晶性塑料，如聚乙烯、聚丙烯等。

2）操作方式

根据实际使用的情况，注射机常用的操作方式有手动、半自动、全自动三种。

（1）手动操作：指机器的所有动作都必须按动相应的按钮慢速进行，放开按钮动作即停止，故又称为点动。手动操作需严格按程序进行。开始操作合模、开模时，应慢速运行，以免碰伤模具。在手动操作顺利做出合格制品后，可转入半自动或全自动操作。手动操作方式，适合于装拆模具，进行螺杆检修和调整机器时使用。

（2）半自动操作：指每个生产周期仅需把机器的安全门关闭后，工艺过程中的各个动作按照一定的顺序自动进行，直至一个生产周期进行完毕为止。此操作方式主要用于全自动生产尚不具备条件的一些制品上，例如实验室学生实验的操作，也是生产中最常用的操作方式。

（3）全自动操作：关闭安全门，机器各部分自动连续循环注射全过程，直到制品从模具顶出落下。该设备完成一个周期的循环主要靠电眼和过程时间控制。如果配备自动加料及成品运送，可实现生产自动化和机台集中管理。这种操作方式可以减轻人工的劳动强度，实现一人多机或全车间机台集中管理的全自动化生产。

3. 注射标准样条

本实验采用的模具为标准样条模具，利用 PP 树脂、PP 改性料等，在不同熔体温度、模温、注射压力下模塑标准样条。

（1）在固定注射压力、模温等其他条件下，改变熔体温度模塑标准样条。

（2）在固定熔体温度、模温等其他条件下，改变注射压力模塑标准样条。

（3）在固定熔体温度、注射压力等其他条件下，改变模温模塑标准样条。

实验首先采用手动方式进行对空注射，观察物料塑化状态，再按照程序动作进行手动操作，观察制品的缺陷并调整不当的实验条件。实验条件确定后采用半自动方式，连续稳定制备一定数量的样条备用。然后按照实验要求，改变实验条件，相应制备一定数量的样条备用。

模塑标准样条时需要注意的是，每次调节机筒温度需要有适当的恒温时间，保证工艺条件稳定。

4. 停机

样条注射操作结束，进行停机处理。首先把操作方式定在手动方式，防止整机误动，同时关闭料斗入料闸板，停止供料，注射座退回，采用反复注射、预塑清除(也可以采用注射机的清洗按钮)余料，所有开关全部断开，断电、断水，清理环境及注射机。

五、实验记录与计算

1. 实验记录

如图 1-3 为模具型腔部分尺寸，实验做的标准样条停放 24h 后利用游标卡尺测定相应的尺寸，填入表 1-2，并计算收缩率。

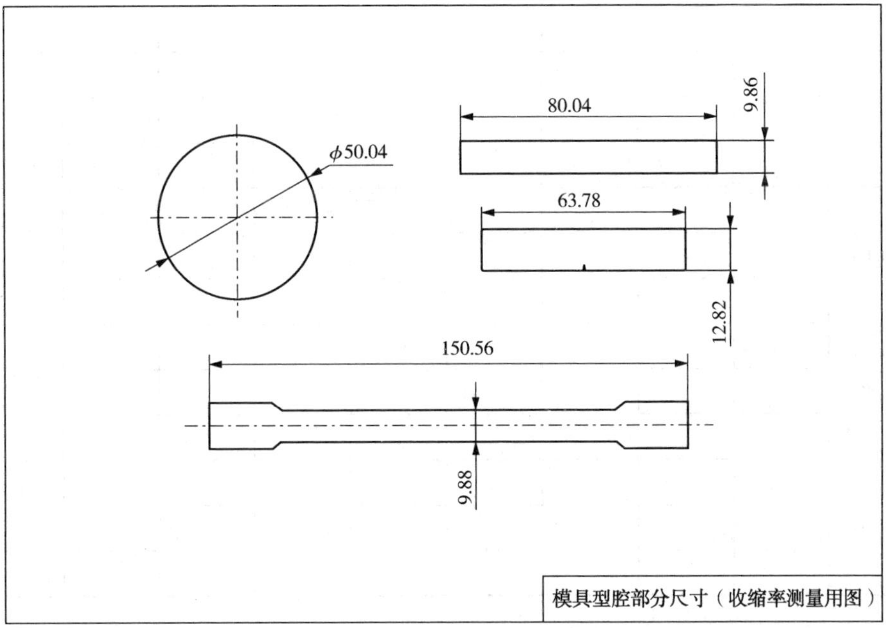

图 1-3　模具型腔部分尺寸

表 1-2　注射模具(样条)收缩率测量数据记录表

	添加 x%( )样条			添加 y%( )样条			添加 z%( )样条		
模具尺寸/mm	塑件尺寸/mm	收缩率/%	收缩率均值/%	塑件尺寸/mm	收缩率/%	收缩率均值/%	塑件尺寸/mm	收缩率/%	收缩率均值/%
150. 56									

续表

	添加 *x*%( )样条			添加 *y*%( )样条			添加 *z*%( )样条		
模具尺寸/mm	塑件尺寸/mm	收缩率/%	收缩率均值/%	塑件尺寸/mm	收缩率/%	收缩率均值/%	塑件尺寸/mm	收缩率/%	收缩率均值/%
9.88									
63.78									
12.82									
80.04									
9.86									
50.04									

2. 注射机模塑制品的条件

(1) 机筒(或熔体)温度____℃；____℃；____℃；____℃。

(2) 注射压力______MPa。

(3) 模温______℃。

(4) 注射时间______s；保压时间______s；冷却时间______s。

(5) 螺杆前进速度______mm/s。

(6) 加料量______g。

3. 计算收缩率 s

$$s = \frac{L_1 - L_2}{L_1} \times 100$$

式中　s——收缩率,%；

L_1——测量的模具模腔尺寸，mm；

L_2——样品在室温下放置 24h 后测量的尺寸(与 L_1 位置相同)，mm。

六、思考题

(1) 如何确定注射成型工艺条件(例如机筒温度、注射压力)？

(2) 制品形态(如结晶取向)与制品性能之间有何关系？

(3) 如何解决注射成型制品常见缺陷(凹陷、缩孔，无光泽、泛白，银丝，焦烧，翘曲，龟裂，熔接痕，溢边等)？

七、实验注意事项

本实验主要采用注射机，注射机属于大型精密设备。安全是实验必需的条件，为保护使用者以及注射机的安全，注意以下事项：

1. 电气安全装置

(1) 电气控制安全门：安全门由电气限位开关控制，它具备常闭、常开双路控制功能，有效控制合模动作。安全门分前后两个，当安全门开启，电路即被断开，合模动作中断。调试运行前，打开安全门，将操作选择开关置于手动，正常情况下，只能单次合模，不能连续合模。

(2) 紧急停机开关：本机的电脑操作面板右下方设有显眼的红色紧急停机开关，遇异常情况，按下开关，整机立即停止运动。

2. 机械安全装置

设在定、动模板之间的机械安全装置确保合模正常进行。当安全门开启进行开模操作时，牙式安全棒随动模板后退，装于定模板上的保险闸板自动落入安全棒的牙槽内，阻止安全棒(即动模板)前移，停止。调整安全棒时，对普通模塑，应在开模停止的位置落入闸板；对嵌件模塑，应在合模瞬时停止位置落入闸板，调整后必须将螺母锁定。

3. 计算机控制装置

本机由计算机控制自动检测油温、料温和系统超载，并自动报警构成保护系统。在上述安全保护完好的情况下，操作者工作时对机筒高温区、强电区和进行对空注射以及接触运动零件时，必须时刻遵守安全操作规则，确保人身安全。

此外未经实验室指导教师的同意，不得操作注射机，不得任意改动注射机仪表上的阀门或开关，不得用金属工具接触模腔等。

实验二　热塑性塑料的挤出造粒

挤出造粒属于挤出成型加工之一。挤出成型也称挤压模塑或挤塑成型，属于一次成型，由于物料是以流动状态连续通过口模进行成型的，所以又称口模成型。挤出成型是塑料加工工业中应用最早的成型方法之一，其应用也最广泛，目前塑料制品的三分之一是用挤出方法进行生产的。

塑料的挤出成型是利用加热使塑料熔融塑化成流动状态，然后借助于螺杆的压力，使其通过挤出模具(机头)而制成的具有恒定断面的连续型材。它是塑料加工业中应用最广的一种加工方法。

挤出成型一般包括三个阶段：第一个阶段是熔融塑化，使固态塑料在外部加热器和内部摩擦热的作用下熔化，并在压力下被压实；第二阶段是流动成型，使熔料通过机头在压力下成为一连续体，其形状与机头截面相仿；第三阶段是冷却定型，在外部冷却下使挤出的连续体失去塑性而定型。

根据塑料塑化方式的不同，挤出工艺可分为熔融法(干法)和溶液法(湿法)两种。干法的塑化是靠加热将塑料变成熔体，而塑化和加压可在同一个设备内进行，其定型仅为较简单的冷却。湿法的塑化则是用溶剂将塑料充分软化，因此塑化和加压是两个独立的过程，定型处理必须采用比较麻烦的溶剂脱除，同时还要考虑溶剂的回收。

挤出过程中，随着对塑料加压方法的不同，又可将挤出工艺分为连续和间歇两种。连续挤出所用的设备为螺杆挤出机，它又可分为单螺杆挤出机和双螺杆挤出机，二者都有比较多的应用。间歇挤出所用设备为柱塞式挤出机，除生产大型的产品外现在基本不用。

挤出成型的生产产量大，生产效率高，挤出生产的产品其断面形状简单且一致，质量均匀密实，各向异性小，尺寸准确性较好。此外挤出成型的适应性很强，主要表现在适应的塑料品种多，几乎适合除聚四氟乙烯(PTFE)外的所有热塑性塑料，用量最大的是聚氯乙烯(PVC)、聚乙烯(PE)、聚丙烯(PP)，其次是聚苯乙烯(PS)、聚甲基丙烯酸甲酯(PMMA)、醋酸纤维素、乙烯-醋酸乙烯共聚物(EVA)、ABS、聚酰胺(PA)、聚碳酸酯(PC)和聚甲醛(POM)等。挤出成型生产的制品多，只要改变机头口模，就可改变制品形状，例如塑料管材、塑料异型材、塑料板材、塑料薄膜、线缆包覆物及塑料与其他材料的复合材料等。挤出加工除可以用来成型制品，还可用来塑化、造粒、染色、共混改性，也可配合吹胀和双轴拉伸进行吹塑成型和拉幅成型。此外，还可为压延成型供料。

本实验采用聚烯烃为原料，利用双螺杆造粒机组，进行挤出冷切造粒加工。

一、实验目的

(1) 通过挤出造粒工艺了解塑料挤出成型的原理及挤出机的结构。

(2) 熟悉挤出机的操作及参数对挤出成型制品的影响。

(3) 掌握利用双螺杆挤出机进行混合造粒的工艺。

二、实验原理

塑化造粒的方法有很多，例如开炼机切片造粒工艺、挤出造粒工艺等，生产流程是多样化的。近年来，由于开炼切片造粒工艺存在劳动强度大、生产污染环境等不足，而使这种工艺几乎被淘汰，取而代之的是螺杆挤出机的高效造粒工艺。利用双螺杆挤出机进行造粒具有物料混合均匀、生产效率高、简单易行等优势。造粒的挤出机主要为平行双螺杆挤出机，配造粒机头，经拉条后切粒。根据拉条时的状态分为冷切粒和热切粒。图 2-1 为双螺杆挤出冷切造粒机组。挤片挤条冷切是物料经过挤出机挤出料条或片，料条通过冷却水槽冷却，再利用风干机吹干料条表面的水分，通过牵引装置送至切粒机切粒。目前热塑性塑料普遍采用挤条冷切，挤条冷切后粒子形状为相同横断面的圆柱体，直径和长度可以通过挤出速度、牵引速度来调节，规格较多的为 3mm×3mm。

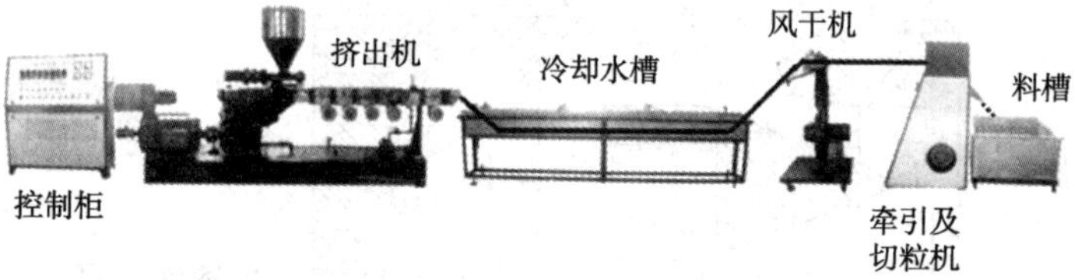

图 2-1　双螺杆挤出冷切造粒机组

实验采用的挤出机螺杆为全啮合型同向旋转的平行双螺杆。全啮合型同向旋转的平行双螺杆适合多组分物料的混合，如图 2-2 所示，同向旋转的双螺杆在啮合区处螺棱和螺槽的速度方向相反，相对速度 $V=2\pi n(R_b+R_s)$，其中 R_b 为 A 点到螺杆 1 的轴心距离，R_s 为 A 点到螺杆 2 的轴心距离，n 为螺杆转速。该相对速度比异向旋转的双螺杆更大，物料在啮合区受到的剪切更强烈，利于物料混合。此外这种类型的螺杆会使物料形成∞字流动，如图 2-3 所示，可以看到同向旋转双螺杆在啮合区，一根螺杆把物料拉入啮合区，另一个螺杆又把它拉出，结果会使物料从一根螺杆转到另一个螺杆，再回来，再转动。这种∞字流动对于物料的混合和均化更有利。

挤出机中物料粘附螺杆处容易糊料，而双螺杆挤出机中的粘附可以通过双螺杆相对运动来自洁。同向旋转的双螺杆，由于啮合处的速度差比较大，使得一个螺棱对另一螺槽中的物料有清理作用，物料不易粘于螺杆上，具有良好的自洁性能。

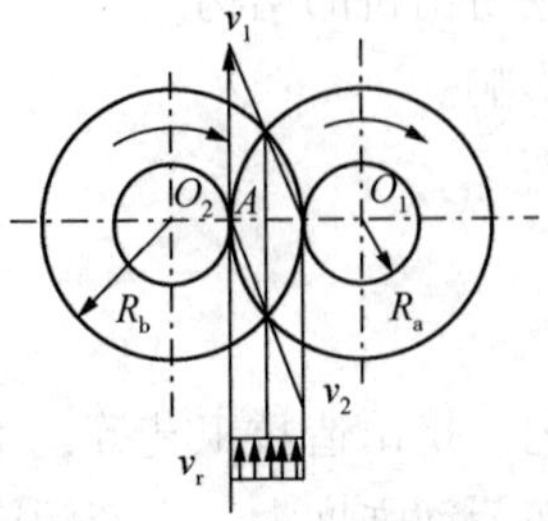

图 2-2　同向旋转的双螺杆

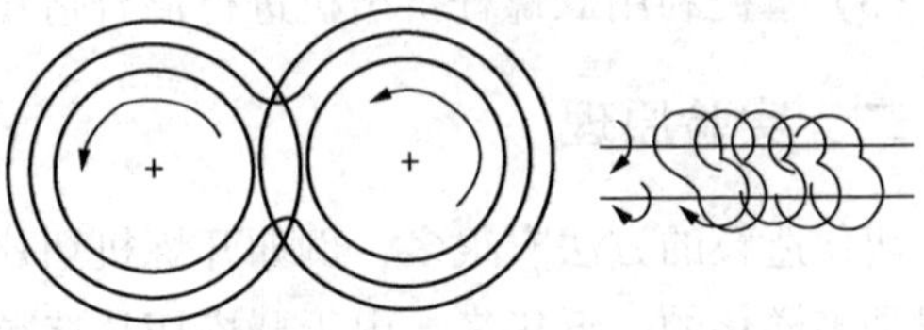

图 2-3　同向啮合双螺杆中物料的∞字流动

物料经过双螺杆挤出机熔融混合后被挤入机头。机头为挤出成型的模具，为非定型部件，通过机头完成流动成型过程，机头需要根据产品的外观进行设计。该实验需要冷切造粒，因此配备的是冷切造粒机头，图 2-4 为其结构图。该机头与管材机头类似，不同的是口模处为若干个直径大小(根据粒子尺寸设计)相同的圆柱形出口，见图 2-4 中 *A* 向。

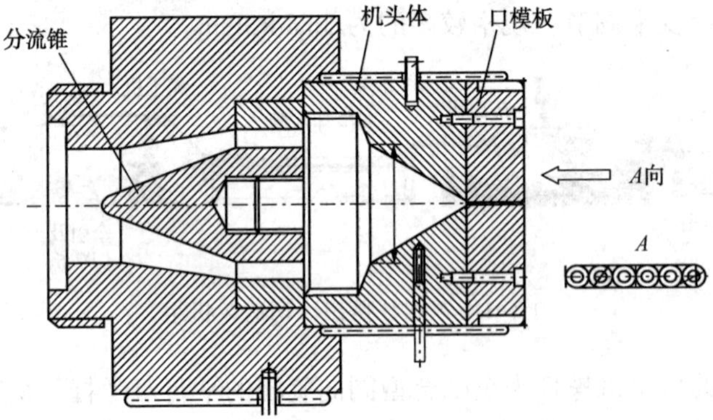

图 2-4　冷切拉条机头

经过造粒机头拉出条后，再由辅机牵引冷却风干后切成一定长度的粒子。

三、实验设备和原料

1. 原料

聚乙烯、聚丙烯、各种助剂。

2. 设备

YX3-100L1-4 型高速加热混合机(见实验八)、SHJ-30 型同向双螺杆挤出机组。

SHJ-30 型同向双螺杆挤出机机组，主要由主机(挤出机)和辅机两个部分组成。该设备可以进行塑料共混改性、增强改性、填充改性、反应性挤出等加工。

如图 2-5 所示为 SHJ 型同向平行双螺杆挤出机机组主机，主机中主要部分为挤压系统(螺杆和机筒)，螺杆为全啮合同向旋转的双螺杆，双头螺纹、大扭矩、深槽型、组合式螺杆，可按照不同的工艺要求进行不同组合。主机中其他部分有喂料机、真空泵站、冷却泵站、润滑泵站、换网装置等。

图 2-5 SHJ 型同向平行双螺杆挤出机机组主机

本机的辅机组成：冷切造粒机头、冷却水槽、风干机、冷切粒机等，见图 2-1。

挤出机主机主要技术参数见表 2-1。

表 2-1 挤出机主机主要技术参数

螺杆直径/mm	螺杆长径比	螺杆转速/(r/min)	主电机功率/kW	螺杆中心距/mm	总功率/kW	外形尺寸(长×宽×高)/mm
30	44∶1	60~600	15	25	35	12000×600×1700

四、实验步骤

1. 开车前的准备

(1) 启动高混机和挤出机的温控系统，预热升温。按工艺要求将各段温控仪表设定在规定温度值，打开电源开关，开始加热。挤出机各段加热温度均达到设定值后，继续恒温 30min，使机筒内外温度均匀。

(2) 混合：将原料及助剂按照配方称量后，置于高速混合机内混合均匀，按要求和规定向挤出机料斗加料。

2. 冷切拉条造粒

(1) 按要求和规定向挤出机料斗加入混合的物料。

(2) 启动挤出机的润滑系统、切粒机、风干机及冷却水槽通水。

(3) 挤出机主机达到可以启动的条件后，启动主电机(电机为逆时针旋转)。按动主机升速按钮，主机空转升速至 30r/min，时间不超过 2min，检查机器运转情况和空载电流为正常时，允许开始喂料。

(4) 启动喂料电机，以 2~5kg/h 的产量开始喂料直至机头出料。同时注意观察主电机和喂料电机电流应远小于额定电流。

(5) 缓慢提高主电机转速至200r/min。而后，相应提高喂料电机转速，增加喂料量，以不超过主电机额定电流的2/3为准，进行稳定试生产半小时。

(6) 同时将条料通过水槽及风干机冷却后送入切粒机切粒，及时调整切粒机转速，至条料直径 Φ3mm×3mm。

(7) 关好抽气室上盖，打开水环真空泵，抽气室开始抽真空，真空度要求大于440mmHg(0.0587MPa)，抽气室不冒料，模孔处条料无气泡即为正常操作状态。如真空度不到440mmHg，则系统可能泄漏，找出原因后操作。

(8) 开启冷却泵，冷却系统投入运行。

(9) 稳定试生产半小时之后，再提到80%负荷试生产，逐渐提高主机转速至340r/min左右，再慢慢提高喂料机转速，增加喂料量，喂料的多少以主电机额定电流的80%为限。

(10) 与此同时，提高切粒机转速，保持条料直径 Φ3mm×3mm为准。

3. 停车

(1) 将喂料机转速调至“零位”再按下停车按钮，切断喂料机电源。

(2) 逐渐降低主螺杆转速至20~30r/min，在低速下排尽机筒内物料。

(3) 停掉各加热器电源，切断温控柜电源。

(4) 润滑泵、水泵、切粒机、风干机停车。

(5) 关闭真空系统阀门，真空泵停车。

(6) 关闭水槽、冷却站、真空泵、进料筒体等冷却水阀门。

(7) 清理机头模面、抽气室残存物料。清扫整个机组和生产线场地，保持清洁。

五、实验记录

将实验过程中参数记录在表2-2。

表2-2 挤出实验记录表

实验序号	机筒温度/℃(分段)						挤出速度/(r/min)	喂料速度/(r/min)	牵引速度/(r/min)	真空度/MPa	粒子尺寸/mm
	1	2	3	4	5	…					
1											
2											
3											
…											

六、实验结果与讨论

（1）如何确定挤出加工工艺条件？

（2）粒子尺寸与挤出速度、喂料速度以及牵引速度之间有何关系？

（3）如何解决挤出成型制品常见缺陷？

七、实验注意事项

双螺杆挤出机属于大型精密设备，需要在实验教师的指导下操作。应注意如下事项：

（1）每次开机必须遵循有关温控操作规定执行，尤其要注意每次开机必须待挤出机系统进入热平衡之后，且机头内物料已熔化，并从出料口溢出，方可启动主机。

（2）螺杆只允许低速情况下（≤20r/min）启动，空转时间不超过 2min（空载下运转时间过长，造成螺杆和机筒刮毛），喂料后待机头模孔出料，才能逐渐提高螺杆转速，切勿操之过急，增速过猛，以免对主机造成损坏。

（3）螺杆转动时，严禁使用金属棒从开口筒体清理物料。

（4）由于本机具有联锁保护，开、关机时请遵循下述次序：先启动润滑泵电机，再启动主机，后启动喂料电机和其他辅助设备。关机时先关闭喂料电机，稍后再关闭主电机、润滑电机和其他辅助设备。

（5）工作中应随时注意观察主机、喂料机转速及主机电流，要严格控制主机电流不应超过额定值要求。一般主机应工作在额定电流的 80% 为宜。

（6）实验结束后要立即清理机头和机筒内的残余塑料（某些塑料也可按工艺而定），若机器暂时不工作，要在螺杆、机筒和机头等的表面涂上防锈油。

（7）如主机出现非常情况，需紧急停车，可迅速立即按下操作屏上的紧急停车按钮，全线停车。此时主机、喂料电机停车，操作者必须将主电机和喂料电机的调速旋钮旋转到“零位”，并迅速关闭真空阀门及各处进水阀门。找出事故原因，清除故障，恢复设备正常状态，按正常程序重新开车。

实验三 挤出吹塑聚乙烯薄膜

塑料薄膜的生产方法有很多，如挤出法、压延法、流延铸塑，其中挤出法又分为挤出吹塑薄膜和挤出平膜工艺。与其他薄膜的生产方法比较，挤出吹塑薄膜具有设备简单、投资少、见效快、便于土法上马的优点，薄膜经牵引、吹胀，力学性能有所提高。挤出吹塑生产的薄膜是圆筒形，用于包装可省略焊接工序，无废边，成本低。缺点是薄膜厚度均匀性差，冷却速度低导致薄膜透明度低，受冷却的限制，卷取线速度一般不超过 10m/min，产量不高。

一、实验目的

(1) 了解吹塑薄膜的生产过程。

(2) 掌握成型工艺参数及其对制品质量的影响。

(3) 了解挤出吹膜机组的组成和操作。

二、实验原理

挤出吹塑薄膜类似于吹泡泡，其大体过程：将树脂利用挤出机熔融塑化并将熔料挤入机头缝隙形成薄壁管坯，把管坯端部封闭，牵引管坯，从芯模孔道吹入压缩空气，使管坯膨胀变薄，薄壁管坯变成泡状物。泡状物经风环冷却定型，由人字板夹板逐渐压叠成双折薄膜(其宽度通常称为折径)，后进行卷曲。

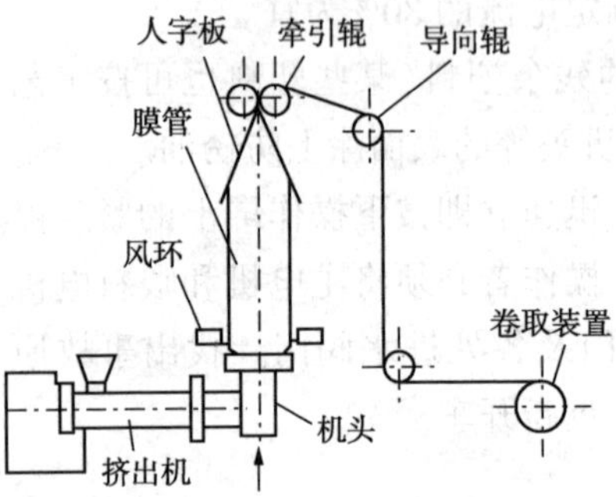

图 3-1 平挤上吹装置

吹塑薄膜有三种生产方式，即平挤上吹法、平挤下吹法、平挤平吹法。常见的是平挤上吹法，见图 3-1。

平挤上吹法的生产使用直角机头，机头的出料方向和挤出机出料方向垂直，挤出管坯垂直向上引出，经吹胀压紧，导入牵引辊，经过导向辊进入卷取装置。

用于吹塑薄膜的原料有 PE、PVC、PDVC、PP、PS、PA、EVA、PVA 等，吹塑薄膜熔体流动速率的要求见表 3-1。比较常用的挤出吹塑原料是聚乙烯(PE)。

聚乙烯树脂的密度、熔体流动速率以及相对分子质量分布对挤出吹塑薄膜的加工特性以及薄膜质量起到决定性的作用，特别是密度、熔体流动速率，工业上常常采用这两个指标作为选择原料的依据。例如：PE 的重包装薄膜，熔体流动速率为 0. 3~0. 4g/10min，农用薄膜和轻包装薄膜为 1. 5~7. 0g/10min。

表 3-1　吹塑薄膜原料的熔体流动速率要求

	PP	LDPE	LLDPE	HDPE
熔体流动速率/(g/10min)	8~12	0.3~8	0.3~3.3	0.5~8

三、原料及仪器设备

1. 原料

聚乙烯(LLDPE、LDPE)，燕山石化 1F7BLDPE、F18D-012、色母料若干种。

2. 主要仪器设备

挤出吹膜机组(SJ-25×28)、熔体流动速率测定仪、拉伸试验机、钢尺、冲片机等。

该实验主要设备为吹膜机组，主要由主机(挤出机)和辅机组成。

1）挤出机

挤出吹膜通常采用单螺杆挤出机，螺杆直径为 30~200mm，实验室通常采用 25mm，螺杆长径比为 20~30，实验用挤出机为 28 ∶ 1。螺杆为普通的常规螺杆，为了提高混合效果可以采用新型螺杆。挤出机主要技术参数见表 3-2。

表 3-2　挤出机主要技术参数

参数	指标	参数	指标	参数	指标
螺杆直径	25mm	生产能力	2~5kg/h	螺杆长径比	28
薄膜厚度	0.006~0.1mm	螺杆转速	90r/min	薄膜最大折径	110mm
适于树脂	LDPE、LLDPE、PP、EVA 等	电机功率	2.2kW	机头口模直径	40mm

2）过滤装置

过滤装置通常由分流板和过滤网组成，主要作用：一是使熔融塑料由挤出机螺杆中的旋转运动变为直线运动；二是阻止杂质和未塑化的物料进入机头；三是增加料流压力，使制品更加密实。聚乙烯薄膜的挤出常采用 60/80/100 目三层组合，过滤网的更换可以采用不停机自动换网方式，降低劳动强度，提高挤出机生产效率。

3）吹塑薄膜机头

机头是决定薄膜厚度及外观质量的关键部件。吹塑薄膜用机头的结构形式很多，常见的为侧向进料的芯棒式机头、中心进料的十字机头以及螺旋线式机头。图 3-2 为芯棒式机头示意图。

4)冷却装置

吹塑薄膜的生产常采用将空气吹到膜管表面进行冷却，风环是常用的冷却装置。风环一般距离机头30~100mm，薄膜直径增加时选大值。风环的内径比口模的内径大150~300mm，小口径时选小值，大口径时选大值。

普通风环由上下两个环组成，图3-3为风环结构示意图。其作用是将来自风机的冷却风沿着薄膜圆周均匀、定量、定压、定速地按照一定方向吹向管泡。出风口的开口度大小可调，一般在1~4mm，风从风环导出与水平面成一个45°以上的倾角。多选60°倾角，倾角小则风力集中，膜泡不稳；倾角增大，气流托住膜泡，膜泡颤动小，容易操作。

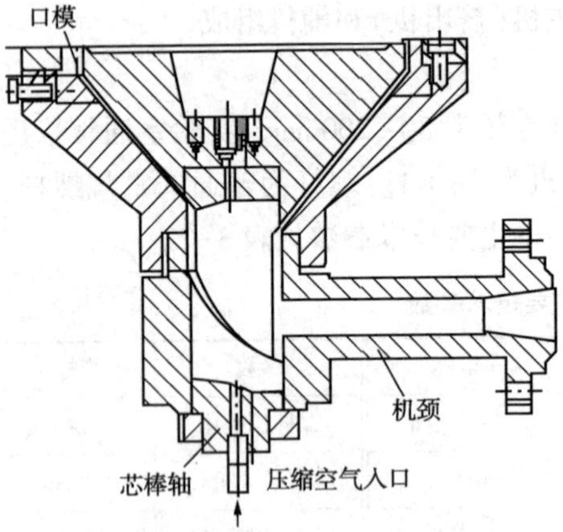

图3-2　芯棒式机头示意图

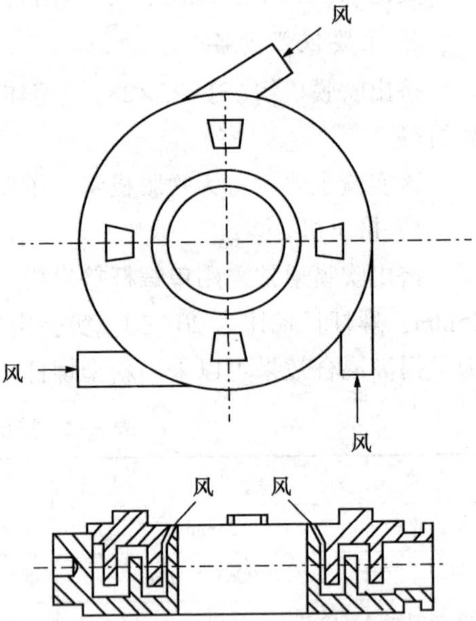

图3-3　风环结构示意图

5）牵引装置

牵引装置由一根钢辊和一根橡胶辊组成。牵引装置的作用是将人字板压扁的薄膜压紧并送至卷取装置，同时还防止管泡内空气泄漏，保证管泡的形状及尺寸稳定。通过牵引速度调节薄膜的取向程度和厚度。牵引速度与挤出筒坯的线速度之比称为牵引比。

此外，在机头处可以吹入压缩空气而使管状物在横向方向胀大取向。采用泡管直径与口模直径之比即吹胀比来表示横向方向的取向。为了保证薄膜取向的均匀性，吹胀比和牵引比尽量相同。

6）卷取装置

薄膜卷取装置分为表面卷取和中心卷取，其作用是将薄膜整齐、松紧适度地卷绕到芯筒上。

此外根据需要还设有一些辅助装置，如横向切断、纵向切断、电晕放电处理。

四、实验步骤

1. 准备原料，测定原料的有关数据

了解原料特性，利用熔体流动速率仪测定熔体流动速率，按照给定的原材料初步确定若干配方，设定挤出机以及机头的温度。

2. 挤出机开车前准备

熟悉挤出吹膜机组的操作规程，接通电源，依照挤出吹膜机组的操作规程，检查机组各部分的运转、加热以及冷却是否正常。进行机器预热，当各段预热达到要求温度时，应将环形缝隙调至基本均匀，对机头部分衔接螺栓等再次检查并趁热拧紧。预热温度达到设定值后保温 15~20min。

3. 开机

达到设定温度并调整好后，手动盘车，主机螺杆转动数圈无异常情况，启动主电机，并在料斗加入适量物料(可以采用纯树脂，稳定吹膜后更换实验配方料)，使其顺利挤出。挤出的熔料通过机头成管状物，稳定均匀后用手将其引向牵引装置，随即开动空气压缩机，通入少量压缩空气，防止管状物粘连，并将管状物吹胀成泡状物。泡状物进入牵引装置的夹辊，通过夹辊被压成折膜，再通过导辊送入卷取装置。再调整压缩空气的压力吹胀泡状物直到达到要求的幅宽或厚度为止，此时保持恒定的压力。

观察泡状物的外观，结合实际情况随时调整工艺、设备因素，使整个操作控制正常状态。

调整完毕，薄膜幅宽、厚度等达到要求后取样待用。更换配方，改变料温、螺杆转速、牵引速度、风环位置和风量、压缩空气压力等工艺条件再分别取样待用。

4. 停机

实验完毕，逐渐降低螺杆转速并将挤出机内的物料尽量挤空后停机。

5. 薄膜制样以及性能的测定

利用冲切制样机，采用不同的形状刀具(一般是长条型和哑铃型)，可以分别在薄膜的横向、纵向切取。利用不同仪器测定薄膜的拉伸强度、断裂伸长率、光学性能等。

五、实验记录及实验结果分析

1. 实验记录

按照上述实验步骤，记录数据填入表 3-3。

表 3-3 LDPE 挤出吹膜实验记录

实验序号	实验原料/质量份				挤出吹膜机组工艺条件				性能测试		
	LDPE	LLDPE	色母料	…	挤出速度/(r/min)	牵引速度/(mm/min)	压缩空气/MPa	…	拉伸强度/MPa	断裂伸长率/%	…
1											
2											
3											
…											

2. 分析

根据表 3-3 的实验数据分析原料、工艺条件等对薄膜的力学性能的影响。

六、实验注意事项

(1) 熔体被挤出之前，操作者不得处于口模的前方。

(2) 将管状物引入牵引装置时，熔体温度高、引入距离长，注意安全。

(3) 操作过程中防止杂质、小工具等物落入进料口中，以免损伤螺杆。

(4) 清理螺杆、口模或模具时，只能采用铜棒、铜刀等工具或压缩空气，严禁使用硬金属制得的工具如三角刮刀、螺丝刀等来清理，以免损伤设备。

七、思考题

(1) 如何控制薄膜的厚薄均匀度？

(2) 薄膜折径和厚度与哪些参数有关？

实验四　模压法制备聚乙烯泡沫塑料

泡沫塑料是以树脂为基础，内部具有无数微孔的塑料制品。使塑料产生微孔结构的过程称为发泡。发泡前原材料密度与发泡后泡沫塑料密度的比值叫作发泡倍率。泡沫塑料具有质轻、绝热、隔音、缓冲等特性。树脂结构、发泡体的发泡倍数、气泡结构(气泡的连续性、直径、形状、泡壁厚度、泡内气体成分)等是影响泡沫塑料特性的因素。泡沫塑料的这类特性使其在土木建筑、绝热工程、车辆材料、包装防护、体育器材方面有着良好的应用前景。

一、实验目的

(1) 掌握生产聚烯烃泡沫塑料的基本原理，了解聚烯烃泡沫塑料的主要生产方法。

(2) 掌握生产聚乙烯泡沫塑料的基本配方，了解配方中各种组分的作用。

(3) 掌握实验室制备聚乙烯泡沫塑料的操作过程，熟悉生产中聚乙烯泡沫塑料的工艺条件。

二、实验原理

本实验采用低密度聚乙烯(LDPE)，利用化学交联和化学发泡方法，采用一步法模压成型制备泡沫材料。LDPE 是带有支链结构的乙烯聚合物，聚集态结构由结晶区和非结晶区组成。大多数 LDPE 树脂性质为无味、无臭、无毒、表面无光泽、乳白色蜡状颗粒，密度约为 0.920g/cm^3，熔点在 130~145℃。首先，发泡过程中，在物料温度未达到晶体结构熔融前，材料较黏、流动性差，发泡气体不能膨胀。当温度高致使聚乙烯晶体结构熔融时，熔体黏度急剧下降(结晶度高的树脂尤为剧烈)，随着温度的升高，熔体黏弹性将进一步降低。聚乙烯熔体的这种性质使发泡过程中的气体容易逃逸，发泡条件只能限制在狭隘的温度范围内，如图 4-1所示，LDPE 的熔体黏度-温度曲线的 T_{m1}~T_{m2}。其次，LDPE 从熔融态转变成结晶态时，要放出结晶热，而熔融的 LDPE 的比热容又较大，因此从熔融状态到固化状态经历的冷却时间较长，不利于保持气泡稳定。再次，LDPE 的气体透过率高，发泡剂分解放出的气体易于渗透外逸使泡沫崩塌。上述的发泡性能使聚乙烯发泡工艺控制十分困难，为了改善 LDPE 发泡工艺性能的这些缺点，除控制树脂的熔体流动速率外，往往采用分子链间进行交联的方法。研究工作表明，随着 LDPE 交联度(以不溶于热的苯类溶剂的凝胶百分率表示)增加，熔融时熔体黏度以及弹性比没有交联 LDPE 有所增加，从而可以在比较宽的温度范围内获得适宜于发泡的条件，提高了泡沫的稳定性，制得均匀、微细、高发泡倍率的泡沫制品，见图 4-1 交联 LDPE 的熔体黏度-温度曲线。

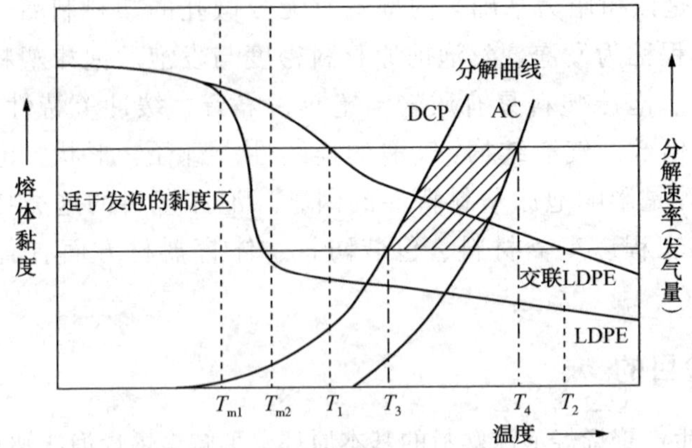

图 4-1　交联熔体黏度与温度的关系

LDPE 交联有化学交联法及辐射交联法两类。辐射交联法指在各种核辐射如电子束、γ 射线、中子束、粒子束等作用下，高分子化合物产生各种自由基，通过自由基的相互结合而形成交联键。与化学交联法相比，辐射交联法具有在常温和常压下完成，控制吸收剂量就可以控制交联度并易于再现，产品纯净，无废物产生和生产效率高等优势。但是由于辐射交联法的设备很昂贵，所以对于特殊和附加值高的产品采用辐射交联法，如薄的发泡制品、细径电缆等。本实验采用化学交联法。

化学交联法通常用有机过氧化物作交联剂。有机过氧化物的反应是从分解开始的，当交联剂分解到其浓度一半时所需的时间，称为半衰期。而交联时间一般取预定交联温度下半衰期的 10～12 倍的时间。在发泡成型过程中，要防止交联剂过早达到分解温度，选择过氧化物的稳定性要适合交联起始要求和加工的要求。以过氧化二异丙苯(DCP)为例，其在不同温度下的半衰期列于表 4-1 中，表中所列温度和半衰期的时间可以作为拟定发泡工艺条件的参考数值。

表 4-1　DCP 在不同温度下的半衰期

温度/℃	101	115	130	145	171	175
半衰期/min	6000	744	108	18	1	0.75

LDPE 的交联过程如下：

(1) 加热条件下，DCP 分解为游离基或游离基再分解为新游离基。

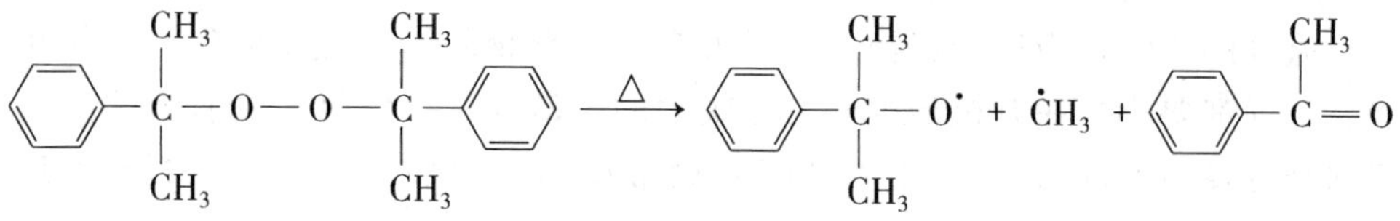

（2）游离基夺取 LDPE 大分子链(多数是支链位置叔碳原子)的氢，生成大分子游离基。

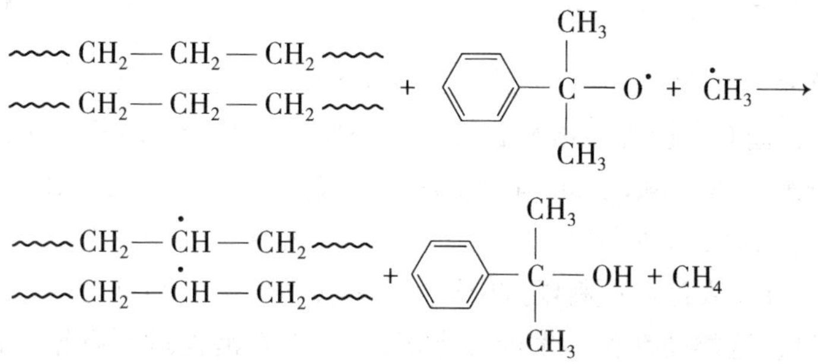

（3）大分子游离基互相结合成共价键桥，得到交联聚乙烯。

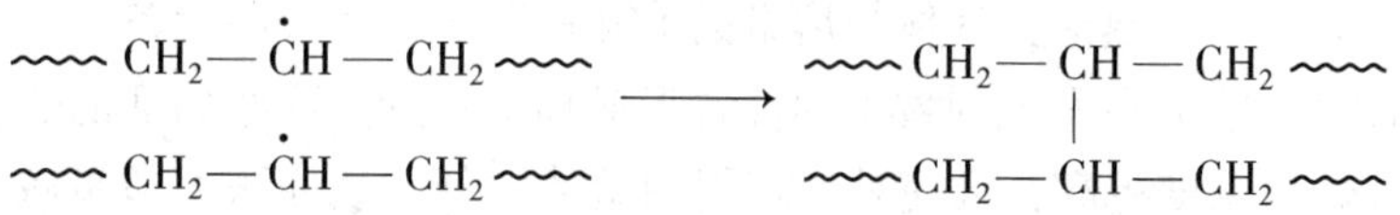

LDPE 交联后，熔体黏度对于温度的变化如图 4-1 所示。由图可见，在 T_{m1} ~ T_1 温度范围，LDPE 可进行混炼、成型；在 T_1 ~ T_2 较大温度范围内，其熔融黏度变化缓慢，从而可进行化学发泡。

发泡塑料引入气体的方法有三种：物理发泡法、化学发泡法和机械发泡法。

机械发泡法是采用强烈的机械搅拌使空气卷入树脂乳液、悬浮液或溶液中成为均匀的泡沫体，然后再经过物理或化学变化使之胶凝，固化为泡沫塑料。物理发泡是采用惰性气体、低沸点的液体、空心玻璃球、陶瓷球、空心塑料等引入气体，工业上常用的是惰性气体发泡法和低沸点的液体发泡法。化学发泡法提供的发泡气体是由混合原料中的某些组分在成型过程中发生的化学作用而产生的。化学发泡法包括以下两种：一种是化学发泡剂发泡法，另外一种是利用发泡组分间相互作用产生气体的化学发泡法。本实验 LDPE 发泡采用化学发泡剂发泡法。

化学发泡剂分为有机的和无机的两类。有机发泡剂常用的是一些加热后分解放出氮气的一些化学品，如偶氮二甲酰胺(AC)、偶氮二异丁腈(AIBN)等。氮气的化学行为比较迟钝，它对大多数聚合物的渗透性比氧气、二氧化碳、氨气都要小，在有机聚合物中有较大的分散性。因此目前用有机化学发泡剂进行发泡比较普遍。AC 是 LDPE 最常用的发泡剂，加热时主要分解反应为：

$$H_2N-\overset{\overset{\displaystyle O}{\|}}{C}-N=N-\overset{\overset{\displaystyle O}{\|}}{C}-NH_2 \longrightarrow N_2 + CO + H_2NCONH_2$$

AC 分解是一个复杂的反应过程，分解产物主要为 N_2(占 65%)、CO(占 32%)，此外，尚有少量的 CO_2(约占 2%)、NH_3等。AC 分解的发气量 200mL/g(标准状态)，分解放热 168kJ/mol，在塑料中的分解温度为 165~200℃。若在分解温度下，交联的 LDPE 熔体黏度会明显降低，黏弹性变差，给发泡工艺过程造成新的困难。因此要在发泡的原料配方中加入某些助剂降低发泡剂分解温度，加快发泡剂分解速度，这类助剂称为发泡促进剂。AC 的发泡促进剂有铅、锌、镉、钙的化合物，有机酸盐以及脲等。

利用化学发泡方法加工时，首先把发泡剂均匀混入 LDPE 中，加热使发泡剂分解释放大量气体和热能，气体与熔融的 LDPE 混合，在成型设备的工作压力下溶解于熔体内，热能在发泡剂粒子的位置形成局部热点。这些局部的热点温度较周围 LDPE 熔体温度更高，致使黏度较周围熔体的低，表面张力适量减小，成为溶解的气体可以膨胀、发泡的位置，即泡核。而周围熔体内的气体，不断地向泡核渗透、扩散，直至气体的压力与泡核壁面的应力处于平衡状态时止。当发泡剂分解完后，成型设备解除工作压力的瞬间，熔体温度、气体的压力、体积变化与泡核壁面取得新的应力平衡，发泡材料急剧胀大，成为细密、均匀、稳定泡孔结构的发泡制品。

三、实验设备和原料

1. 实验原料

低密度聚乙烯(LDPE)、乙烯-醋酸乙烯共聚物(EVA)、过氧化二异丙苯(DCP)、偶氮甲酰胺(AC)、氧化锌(ZnO)、硬脂酸锌(ZnSt)、轻质碳酸钙($CaCO_3$)等。

2. 实验设备

S(X)K-160 双辊开炼机(见实验六)；XLB-D350×350×2/0.25 平板硫化机(见实验六)、模具、测厚仪或游标尺、天平、量筒等。

四、实验步骤

1. 准备工作

（1）阅读双辊开炼机、平板硫化机的使用资料，了解机器的工作原理、安全要求及使用程度。

（2）检查机器的完好性，利用加热、控温装置，把双辊开炼机、平板硫化机的工艺部件及发泡模具分别恒温到 100～120℃、160～180℃。

按表 4-2 实验参考配方确定三个配方，以 LDPE 质量为 100g 进行物料的称量，可以适当加些 EVA 或 $CaCO_3$。

表 4-2　实验参考配方

配方组分	LPDE	DCP	AC	ZnO	ZnSt
质量分数	100	0.3～0.6	2～6	0.8～1.0	0.5～1.0

2. 用双辊开炼机放片

（1）启动双辊开炼机，调节辊距为 1～2mm，在 100～120℃的温度下将 LDPE 塑炼，并加入除 DCP 和 AC 外的助剂，混合均匀后加入 AC 和 DCP，快速混好出片。

（2）趁片坯未冷却变硬时，剪成为略小于模具的方块。

3. 用平板硫化机模压发泡

（1）将已恒温 160～180℃的发泡模具清理干净，放入已称量的片坯，并置于压力成型机下工作台中心部位。

（2）合模加压至压力成型机液压表压强为 9～32MPa，开始计算模压发泡成型时间。

（3）模具温度 160～180℃下，模压发泡成型 10～12min 解除压力，迅速开模取出泡沫板材，置于整形模具的两块模板间定型 2～6min。

4. 检测泡沫材料性能

（1）用三角尺（自备）在泡沫板材表面画出 100mm×100mm 的正方形，剪切成块，用泡沫材料测厚仪或游标尺测量各边的厚度，计算体积；用天平（感量 0.1g）称量泡沫块的质量，计算发泡材料的密度。另：也可以采用排水法测定发泡材料的体积。

（2）在泡沫板材表面及切断面用肉眼或放大镜观察气泡结构及外观质量缺陷（如熔接痕、翘曲、僵块、凹陷等）状况。

（3）切样机切取试样，测试拉伸强度及断裂伸长率。

五、实验结果分析

(1) 根据测量数据，计算泡沫材料的发泡倍数及发泡制品密度。

(2) 解释实验过程中的发泡剂、交联剂与制品密度之间的关系。

六、思考题

(1) 查资料比较 PE 和 PVC 树脂发泡的特点？

(2) 讨论 PE 发泡产品出现缺陷(粘模、塌陷、龟裂等现象)的原因。

实验五　塑性溶胶的制备和搪塑成型

塑性溶胶是指固体树脂稳定地悬浮在非水液体介质里所形成的分散体系，也称为塑料分散体、塑料糊或糊塑料。除塑性溶胶外，根据其中组分不同，塑料分散体还包括有机溶胶、塑性凝胶和有机凝胶。目前制备塑料糊常用的树脂是乳液法生产的聚氯乙烯(PVC)，因此，也称作 PVC 糊。

为了满足加工以及使用要求，PVC 糊中通常还添加热稳定剂、稀释剂、表面活性剂、着色剂、填充剂和润滑剂等。PVC 糊主要用作 PVC 的浇铸成型、搪塑成型、涂层制品及泡沫塑料成型等的原料，制得的产品主要有人造革、壁纸、玩具、泡沫制品、铺地材料、乳胶手套、软管、隔膜等。

一、实验目的

(1) 了解 PVC 塑性溶胶中各组分的作用及影响其流变行为的因素。

(2) 熟悉 PVC 塑性溶胶的配制方法以及搪塑成型工艺。

(3) 掌握测定聚合物分散体流变行为的方法原理。

二、实验原理

1. 制备 PVC 糊的原理

PVC 塑性溶胶是 PVC 均匀分散、悬浮在液相增塑剂中所形成的分散体系，由于液相完全是增塑剂，也称增塑糊。

PVC 糊用树脂是以氯乙烯为单体，用乳液聚合法生产制得。糊塑料的配制成糊是非常关键的，而成糊的关键首先是其中对树脂的选择。用于塑性溶胶和塑性凝胶的树脂，颗粒直径约为 0.20~2.0μm，用于有机溶胶和有机凝胶的树脂则为 0.02~0.20μm。颗粒太大时，容易在所配制的分散体中下沉，而且在加热处理后不易得到质量均匀的制品；反之，颗粒太小时，在室温下常会因过度的溶剂化而使溶胶塑料的黏度偏高，同时还不耐存放。其次是颗粒形状，在颗粒形状上，一般希望其呈球形，因为球形颗粒可以防止室温下过多溶剂化。溶剂化作用过大时，分散体常呈现膨胀性流体的流变行为，否则，一般表现为假塑性流体的流变行为。

为了降低成本，通常用悬浮法 PVC 树脂部分甚至全部代替乳液聚合的树脂配制 PVC 糊。选用的悬浮法 PVC 树脂粒径为 5~250μm。若粒子的粒径过大，容易在所配制的 PVC 糊中沉降，热处理后也不易得到均匀的制品。悬浮法 PVC 树脂不易直接成糊，需要特殊的“冲糊工艺”才可使用。

PVC 塑性溶胶的分散介质主要为增塑剂，为了使塑性溶胶的黏度符合成型流动的要求，塑性溶胶中的增塑剂含量一般不少于树脂的40%，因此成型后的制品一般是软质的。

在配制聚合物分散体的混合装置中，利用适当的机械搅拌作用，使PVC颗粒及其他组成的固体颗粒料均匀分散在增塑剂中，同时利用表面活性剂和润滑剂降低固体颗粒与液体界面的张力，防止固体颗料聚集、沉积，形成稳定的分散体系。由于增塑剂和稀释剂等与PVC有一定的相容性，故在PVC糊的配制过程中，机械搅拌的强烈程度、物料温度、搅拌时间以及配方均会影响PVC颗粒溶胀的状况和颗粒之间夹杂空气的量。如果PVC颗粒过度溶胀，不仅PVC糊的黏度将显著提高，黏度稳定性变差，而且还影响随后排除PVC糊中气泡工序和成型加工。因此控制机械搅拌、物料温度、搅拌时间等配制工艺参数以及优化配方对PVC糊质量很重要。

在制备PVC糊的过程中，很难避免完全不搅入空气，除少数PVC糊允许一些空气存在外，大多数情况都在使用糊之前，需对PVC糊进行脱气处理。糊内的大多数气体可以在混合后放置的24h内会自动逸出，余下的少部分气体经过脱气处理去除。脱气处理常利用抽真空的方法，使PVC糊中的空气逸出。

2. 搪塑成型原理

搪塑成型的过程：将适量的PVC糊倒入已预热到一定温度的成型阴模中，当阴模内壁表层的PVC糊受热时，增塑剂黏度下降，阴模内壁表面粘附上一层PVC糊，这时将多余的PVC糊倒出，继续加热阴模，直到阴模内的PVC糊变成连续的均匀的增塑弹性体，再冷却阴模，取出PVC增塑弹性体，修整装饰，最后得到PVC软质制品。

搪塑成型中，PVC糊由不均匀的分散体系变成连续的均匀的增塑弹性体的过程可分为“胶凝”和“熔化”两个连续阶段。

胶凝开始时，PVC颗粒均匀分散在液相中，在热的作用下，液体(增塑剂等)黏度进一步下降，继续向PVC颗粒树脂渗透，使溶胀的PVC颗粒间距离缩小，糊的黏度逐渐上升，直至全部增塑剂被PVC颗粒完全吸收或挥发消失，颗粒界面接合为止。这时PVC糊失去流动性，出现胶凝现象，变为一种表面无光、干而易碎的物质，认为胶凝阶段已达终点，此时的温度称作胶凝温度。

胶凝出现之后，继续加热，增塑剂分子会加速渗入PVC大分子链间，降低大分子链间的分子作用力，加强大分子链的活动性，使界面缩小甚至消失，形成连续均匀的体系，完成熔化阶段。连续均匀的体系经冷却便成为具有一定力学强度的增塑弹性体。

搪塑制品的性能与搪塑成型控制和分散体的配方有很大关系。搪塑成型控制取决于PVC糊的流变性，经研究发现，PVC糊的流变性除与增塑剂的化学结构、溶剂化能力、用量及其他助剂的作用有关外，主要受 PVC 树脂相对分子质量和颗粒特征的影响。

相对分子质量高的 PVC 树脂在糊中能适当地阻止溶剂化进程，使 PVC 糊的黏度比较稳定，而胶凝和熔化过程需要更高的温度和更长的时间。用高相对分子质量 PVC 树脂所制得的制品物理、力学性能更加优良。

三、原材料与仪器设备

1. 原材料

乳液法(RH 型) PVC 树脂、悬浮法(SG 型) PVC 树脂、邻苯二甲酸二辛酯(DOP)、邻苯二甲酸二丁酯(DBP)、硬脂酸钡(BaSt)、硬脂酸镉(CdSt)、硬脂酸锌(ZnSt)等。

本实验采用 PVC 糊的参考配方见表 5-1。

表 5-1　PVC 糊的参考配方

组分	PVC	DOP	DBP	三盐	BaSt	CdSt	ZnSt
配方/质量份	RH 型 100	30~60	65~130	5~10	2.4	0.8	0.4
配方/质量份	SG 型 100	24~48	52~48	4~8	2.4	0.8	0.4

2. 主要仪器设备

真空脱气装置、SNB-3 数字式黏度计、电热鼓风干燥箱、搪塑模具、超级恒温水浴、天平等。

SNB-3 数字式黏度计，图 5-1 为其外形图，主要由步进电机、传感器、不同型号的转子(适应多种黏度的测定)组成。仪器技术指标见表 5-2。

表 5-2　SNB-3 数字式黏度计技术指标

参　数	指　标
黏度测量范围	100 万~8000 万 mPa·s
速度	0.1~99.9r/min 无级变速
最低黏度(0 号转子)	5mPa·s
转子	4 只(1#，2#，3#，4#)
测量精度	±1.0%(满量程)
输入电压	110V/220V
输入频率	50Hz/60Hz
重现性	0.5%(满量程)

本实验采用该仪器测定 PVC 糊的黏度及其流变性，除此仪器外还可以采用毛细管式黏度计、同轴圆筒式黏度计及力矩型塑性仪测量。

如图 5-2 所示为 SNB-3 数字式黏度计的原理示意。高细分驱动步进电机带动传感器指针，通过游丝和转轴带动转子旋转。如果转子没有受到液体阻力，游丝传感器指针与步进的传感器指针在同一位置；反之，如果转子受到液体的黏滞阻力，游丝产生扭矩与黏滞阻力抗衡，最后达到平衡。这时分别通过光电传感器输出信号给电脑处理器进行数据处理，显示液体黏度值(mPa · s)。黏度、黏力、流动的阻力(与扭矩传感器的松紧有关)与转子的转速及转子的形状有关，当转速增加或转子增大时黏力会加大。因此，当转速增大或转子变大时，可以由扭矩的传感器的偏离所读出。最小范围的黏度可由表面积最大的转子与最高转速测得，而最大范围的黏度可由表面积最小的转子与最慢转速测得。相同转子在不同的转速下，可以测量流体的流变特性。

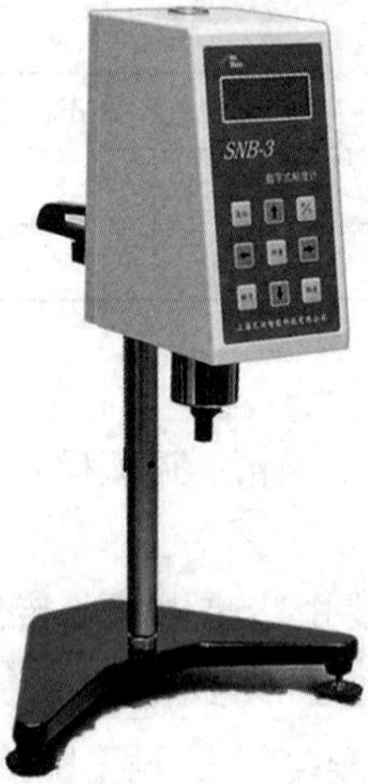

图 5-1　SNB-3 数字式黏度计

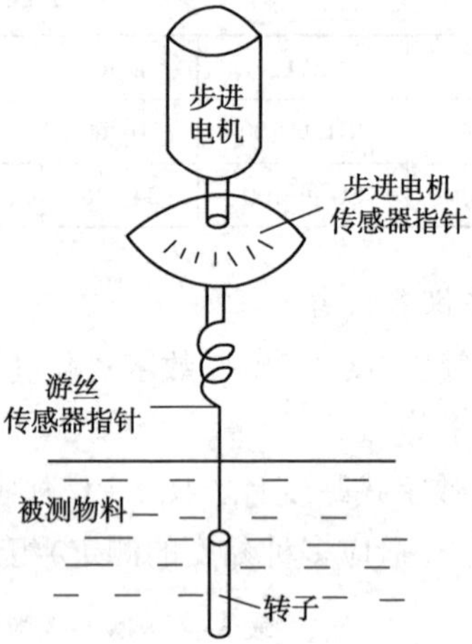

图 5-2　SNB 数字式黏度计原理示意

四、实验步骤

1. 准备工作

(1) 将清理洁净的搪塑成型模具置于 173～187℃ 恒温的电热鼓风干燥箱内加热。

(2) 使超级恒温浴处于(23±0.1)℃工作状态。

(3) 按表 5-1 的 PVC 糊参考配方，根据投料量计算出本次实验使用的树脂、稳定剂的质量及增塑剂的体积。

(4) 量取增塑剂，集中在一烧杯内搅拌均匀，计算混合增塑剂的密度。

（5）分别称取稳定剂，集中放入另一烧杯内，加入与稳定剂总质量相同的混合增塑剂，初混合后再搅拌，使其成为均匀的稳定剂浆（使用时应分别计算浆内的稳定剂、增塑剂质量）。

2. 制糊

1）SG 型 PVC 树脂制糊

SG 型 PVC 树脂难于成糊，需要采用冲糊工艺。

首先进行拌料，烧杯中放入稳定剂浆，加入为总用量 10%的树脂及 16%的混合增塑剂，在室温下搅拌均匀。其次进行冲糊，将 50%的混合增塑剂加热到 145~155℃，冲入烧杯中拌料步骤得到的物料中，不停地搅拌，随着料温的下降，混合料逐渐变成均匀的、半透明的糊状物，当料温降至 55~65℃时加入余下的树脂，继续搅拌，再与所余的混合增塑剂混匀，得到 PVC 糊。

2）RH 型 PVC 树脂制糊

在盛有稳定剂浆的烧杯内加入全部的树脂和 60%的增塑剂，在温度不大于 32℃的条件下，不停地搅拌 20~30min，使各组分分散均匀，然后逐渐加入余下的增塑剂，继续搅拌 10~15min，使其成为均匀的 PVC 糊。

3. 脱气

把 PVC 糊装进脱气装置的分液漏斗中（应先关闭旋塞），启动真空装置，开启分液旋塞，使糊逐滴下落，在一定压强下，利用真空作用脱除糊内气体。脱气完毕缓慢开启放空阀，使真空系统的液体倒流。停止真空泵，从分液漏斗下的容器内得到已脱气的 PVC 糊。

4. 黏度测定

利用 SNB-3 数字式黏度计测定 PVC 糊的黏度和流变性。

5. 搪塑成型

（1）将已恒温的搪塑成型模具取出，让模具中凸出尖角部位倾斜，然后使用 RH 型 PVC 树脂配制的 PVC 糊沿模具的部分侧壁面匀速地注入模具型腔内，稍加振动，使模具型腔内的空气通过相对的另一部位的侧壁面空间排出。待 PVC 糊完全灌满模具型腔后，贮留约 15~30s，让 PVC 糊均匀浸润模腔壁面，再将 PVC 糊倒回容器内。这时与模壁接触的一层 PVC 糊已发生部分胶凝。随即将搪塑模具送入恒温的干燥箱加热 10~30min，使粘于壁面的 PVC 糊熔化。取出模具用风冷或水冷至 80℃以下，即可以从模具内取出 PVC 搪塑制品。

（2）用 SG 型 PVC 树脂配制的 PVC 糊重复进行搪塑成型步骤（1），完成实验。

6. 取样测定邵氏硬度（见实验十九的硬度实验）

五、实验结果分析

(1) 分析不同配方 PVC 糊的黏度以及流变特性。

(2) 通过测定不同配方的 PVC 搪塑制品的邵氏硬度，说明配方组分对硬度的影响。

六、思考题

(1) 钡、镉、锌的硬脂酸盐在 PVC 塑料中是怎样起稳定作用的？

(2) 从实验所用树脂性质及增塑剂用量，说明对搪塑成型操作及成型制品性能的影响。

(3) 搪塑成型对 PVC 糊的原料有哪些要求？实验用两种 PVC 树脂所制得的糊性能和搪塑制品的性能有何区别？

实验六　橡胶工艺实验

橡胶制品加工主要包括塑炼、混炼、成型、硫化等工艺。橡胶制品性能除了与配方有关外，主要与加工工艺有着密切的关系。只有严格控制塑炼、混炼、成型、硫化等工艺条件，熟练地掌握这些操作方法才是获得优质制品的必要条件。

（1）塑炼：降低生胶的相对分子质量，增加塑性，提高可加工性。塑炼后的胶为塑炼胶。

（2）混炼：即混合，将胶料在熔融温度以上与各种配合剂一起混合均匀。混合均匀且未被交联的橡胶称为混炼胶。

（3）成型硫化：混炼胶如果采用压出压延成型(即非模型制品加工)，先通过加工制成一定规格的半成品，再硫化成制品。对于模压和注出成型(即模型制品加工)，成型和硫化同时进行。

本实验主要进行橡胶的塑炼、混炼和硫化加工。

塑炼工艺实验

在橡胶加工过程中，胶料的混合(混炼)以及成型都需要胶料具有一定的黏度，而生胶很硬，弹性好，黏度比较大，因此很难满足加工需要。为了满足各种加工工艺的要求，必须把生胶由强韧的弹性状态变成柔软具有可塑性的状态，这就是塑炼。塑炼过程即把具有弹性的生胶变成具有一定可塑性的胶料的工艺过程，经过塑炼的生胶称为塑炼胶。

比起生胶，塑炼胶的可塑度大大提高，易于混入配合剂，流动性提高且保持形状能力加强。另外，胶料经过塑炼，质地均一，硫化胶的物理机械性能也有所改善，所以塑炼是橡胶加工中的基础工艺之一，是其他加工过程的基础。

一、实验目的

（1）掌握生胶塑炼机理。

（2）了解开炼机结构以及正确操作方法。

（3）学会利用开炼机进行生胶塑炼的工艺过程。

二、塑炼机理

降低相对分子质量是生胶获得可塑性的最有效方法。只有这样才能使黏度下降，可塑性增加。降低相对分子质量，实质上就是使分子链断链，而分子链断链主要通过氧和机械力的作用，此外还有热、电、化学塑解剂等的作用。

塑炼的方法分为机械塑炼法和氧化塑炼法，其中以机械塑炼法为主。

1. 机械塑炼机理

橡胶的机械塑炼，通常是将生胶分子链在机械力和氧的作用下产生分子链的断裂，实质是一个力-化学反应过程。

非晶态橡胶分子的构象是卷曲的，分子间以范德华力相互作用。塑炼时，由于受到强烈摩擦、挤压、剪切的反复作用，使卷曲的缠结的大分子链互相牵扯拉直，容易使机械应力局部集中。当应力大于大分子链上某一个键的断裂能时，造成大分子链断裂，相对分子质量下降，因此获得可塑性。

机械塑炼过程中，橡胶与周围空气中的氧接触，氧可作为活性自由基的稳定剂(自由基接受体)，使自由基转变为稳定的分子，即起到阻断自由基的作用，所以氧起着极为重要的作用。机理如下：

$$R—R \longrightarrow 2R\cdot$$

$$R\cdot + O_2 \longrightarrow ROO\cdot$$

$$ROO\cdot + R'H \longrightarrow ROOH + R'\cdot$$

$$ROOH \longrightarrow \text{分解成稳定的较小的分子}$$

机械塑炼在温度比较低的时候塑炼效率比较高，所以在机械塑炼中，一般采用较低的温度，在开炼机中进行，因此也称为低温塑炼。

2. 氧化塑炼机理

在机械塑炼中，氧作为自由基的接受体，起到阻断自由基的作用，氧在机械塑炼中起到辅助作用。而在氧化塑炼中，橡胶大分子在机械力的活化作用下，氧引发橡胶大分子断链。此时机械力起到应力活化作用，氧作为自由基引发体，引发橡胶大分子的断链。其氧化机理如下：

$$\text{链引发}\quad RH + O_2 \longrightarrow R\cdot + HOO\cdot$$

$$\text{链增长}\quad R\cdot + O_2 \longrightarrow ROO\cdot$$

$$ROO\cdot + R'H \longrightarrow ROOH + R'\cdot$$

$$HOO\cdot + R'H \longrightarrow HOOH + R'\cdot$$

$$R'\cdot + O_2 \longrightarrow R'OO\cdot$$

氧化塑炼在温度比较高的时候塑炼效率比较高，所以在氧化塑炼中，一般采用较高的温度，在密炼机中进行，因此也称为高温塑炼。

三、塑炼设备及原理

1. 开炼机

本实验采用低温塑炼，利用开炼机，生胶可以根据需要选择。

开炼机全称开放式炼胶(塑)机，如图6-1所示S(X)K-160双辊开炼机，可以供橡胶塑料制品厂及研究单位实验室做生胶塑炼，此外还可以做胶料与配合剂混炼、塑料与助剂的混合塑化、混炼胶的热炼和压片试样试验之用。

图6-1　S(X)K-160双辊开炼机

开炼机的结构组成主要为一对可转动的平行辊筒，辊筒之间有一定速比，辊筒速比一般为1∶1.05~1∶1.1，一般是前辊速度慢后辊速度快，而且慢辊的温度高出快辊温度5~10℃，这样在操作过程中塑化的物料会包住前辊，利于操作。辊筒的间距可调，辊筒内有循环加热或冷却通道。辊筒长径比不超过2.5∶1左右。

开炼机的尺寸规格是采用辊筒直径来表示的，如XK-450，其中"X"表示橡胶用的设备，"K"表示开炼机，"450"表示辊筒的直径为450mm，XK-450表示为辊筒直径为450mm的橡胶开炼机。主要技术参数如表6-1所示。

表6-1　开炼机的主要技术参数

辊筒直径	辊面宽度	前、后辊筒速比	前辊线速度	一次投料量	最大调距范围	外形尺寸(长×宽×高)
160mm	320mm	1∶1.35	11.91m/min	1~2kg	4mm	1240mm×890mm×1200mm

开炼机辊距的调整是通过转动调距装置的手轮，辊距的大小及方向可以从刻度盘上看出，辊筒两端装设有活动挡胶板，安全装置采用反接制动，当发生紧急事故时，拉动机器右上方的安全开关装置拉杆，反接制动立即作用，使之迅速停车。一般要求辊筒继续旋转不得超过1/4转就能停车。

2. 塑炼工作原理

开炼机工作时，两个辊筒内相向旋转，且速度不等。处于辊筒上方的胶料由于与辊筒表面的摩擦和粘附作用以及物料之间的粘结力而被拉入辊筒间隙之间，反复通过辊筒间强大的剪切力、挤压力以及辊筒表面对它的加热来完成胶料的塑

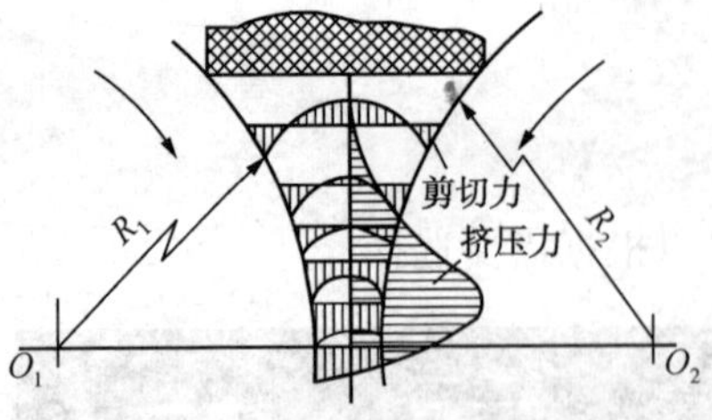

图 6-2　胶料在开炼机两个辊之间的受力情况

炼，如图 6-2 所示。

在开始塑炼时，应先调好辊筒温度和辊距，为了减轻辊筒负荷，先以小辊距塑炼，当胶热到一定程度和具有一定可塑性时，再将辊距放大，塑炼完毕后将塑炼胶切成片，放置一定时间使其冷却。

开炼机塑炼的操作方法主要有包辊塑炼法和薄通塑炼法。

对开炼机塑炼，凡是影响胶温和机械作用力的设备和工艺条件都是影响塑炼效果的重要因素。这些因素有辊温、辊距、塑炼时间、速比、辊速以及操作熟练程度，其中辊速和速比取决于设备特性，一般为不变因素，其他因素则均可改变。

(1) 辊温：塑炼温度对可塑度的获得影响很大，温度愈低，塑炼效果愈好。实验证明，可塑度在 100℃以下与辊温的平方成反比，因此为了提高塑炼效果，应加强辊筒冷却，但冷却水在实际应用中不能降得很低，所以塑炼一般在 45~55℃下进行。表 6-2 为橡胶常用辊温范围。

表 6-2　橡胶塑炼常用辊温范围

胶种	天然胶	异戊胶	丁苯胶	通用型氯丁胶	54-1 型氯丁胶	顺丁胶	丁腈胶
辊温范围/℃	45~55	50~60	45 左右	40~50	40~50	70~80	<40

(2) 辊距：在相同的速比下，辊距越小则两辊间速度梯度越大，生胶通过辊间时所受到摩擦、剪切、挤压的力越大；另外辊距越小胶片越薄，这样胶片易于冷却、变硬进而加大机械切力的作用，可以提高塑炼效果，所以一般采用 0.5~1mm 的小辊距。

(3) 塑炼时间：塑炼时间是除辊温、辊距外对可塑度的影响重要因素之一，塑炼初期随着时间延长可塑度会增加，到达一定值后由于生胶辊压后温度升高软化，分子之间容易滑动，不易被机械剪切力所破坏造成可塑度反而下降。为了提高塑炼效果，可以采用分段塑炼，每段塑炼后生胶要充分停放冷却提高可塑度，一般可以分为 2~3 段，每段停放冷却 4~8h。

(4) 装胶容量：塑炼时，装胶容量主要取决于开炼机的规格。胶量不宜过多，否则在辊筒上堆积的胶量难以进入辊筒间隙，同时胶料过多造成散热困难，使生胶的热塑性提高，影响塑炼效果。在一定规格的开炼机上，一次炼胶的容量是根据实际经验来确定的，一般合成胶由于塑炼时生热较大，装胶容量要比天然胶少 20%。

四、实验步骤

接通电源开关，调节温度到设定的温度，接通“前辊加热”和“后辊加热”开关，待温度达到设定值时开始工作。

工作前根据工艺对可塑度要求，以所塑炼的胶料的数量来确定是否分段塑炼，实验室的用胶量比较少，所以一般采用一段塑炼。投胶量一般与辊筒直径有关，实验室常采用 XK-160 型开炼机，装胶容量最大为 2kg(天然胶为基准)。

（1）辊筒温度的控制及测量：开机空转并打开加热装置对辊筒加热，当辊筒已热时，用弓形表面温度计对辊筒表面温度进行测量。

（2）破胶：采用天然胶进行塑炼的时候，由于天然胶比较硬，塑炼之前必须经过破胶，破胶一般要求在辊温为 45℃、辊距为 1.5mm 条件下进行。破胶时要依次连续投料，不宜中断，以防胶块弹出伤人。

（3）薄通：薄通是将辊距调到 0.5mm，辊温调到 45℃，把破过胶的胶片加入辊筒使之通过辊筒间隙，让胶片直接落入接料盘里，当辊筒上无堆积胶时，将盘内胶片变换 90°重新投入辊筒间隙内，继续薄通直到所规定的次数或时间(达到合适的可塑度)。

（4）捣胶：将辊距放宽至 1mm，使胶料包辊后，从左向右割刀至近边再向下割，使胶落在接料盘上，至堆积胶将消失时停止割刀，则割落胶随着辊筒上的余胶带入辊筒右方。然后再从右向左同样割落，反复进行多次后割断打成卷。

（5）下片：将辊距放宽到 10mm，将上胶卷垂直辊缝通过 3 次后在胶片涂上隔离剂，注明胶种、时间及班组和姓名等，放在通风处冷却。

（6）可塑度测定：塑炼后的胶片需要在室温下放置 4h 以上，再进行胶片的可塑度测定。

五、注意事项

开炼机辊筒属于开放式的，因此使用和操作要特别注意安全。

首先，辊筒的加热和冷却需要在辊筒旋转情况下缓慢进行，以免辊筒变形。开炼机需要高温加热，应将前、后辊筒保持一定距离，以免辊筒受热膨胀而擦伤辊面。其次，辊筒调距时，保证左右要均匀，炼胶时不允许辊距为零，以免损伤辊筒和轴承。

在工艺上，热炼和压片时，辊距需由大逐渐调小，塑炼时，辊距则由小逐渐调大，胶块最大不超过 0.7kg，并需提前预热。正式生产时，每次投料量以 2kg 为限。在炼胶时，当辊筒温度高时，生胶的可塑性开始增大，可能出现包辊现象，影响产量，因此操作时要注意防止。

六、思考题

(1) 简述开炼机塑炼的机理，并用它说明生胶的塑炼过程中形态变化的情况。

(2) 将塑炼的胶料的可塑度与本组其他同学所测得的可塑度相比较，如有差别分析原因。

混炼工艺实验

混炼是橡胶加工中另一个重要的工艺过程。混炼是将各种配合剂与可塑度符合要求的生胶或塑炼胶在机械力作用下混合均匀的一种过程，混合后的胶称为混炼胶。加入配合剂的目的主要是使各种橡胶制品能符合使用性能的要求，改善加工工艺性能，节约生胶，降低成本。

混炼的关键是使各种配合剂能完全均匀地分散在橡胶中，从而保证橡胶成型以及橡胶制品的质量。混炼不好，导致胶料中配合剂分散不均、胶料出现可塑度过高或出现过低、焦烧、喷霜等现象，使后期压延、压出、涂胶和硫化不能正常进行，成品性能下降。所以混炼是橡胶加工过程中的重要工序之一，也是最容易产生质量波动的工序之一。

一、实验目的

(1) 掌握胶料混炼机理。
(2) 了解开炼机结构以及正确操作方法。
(3) 学会利用开炼机进行胶料混炼的工艺过程。

二、混炼机理

混炼过程是各种配合剂在塑炼好的生胶中均匀分散的过程。

混合首先要保证生胶与配合剂的表面性质接近，这样易于混合，否则就要进行表面性质的改性。另外配合剂往往是以聚集体形式存在的，例如炭黑，直径为几毫米的炭黑颗粒是由很多的粒径只有几十纳米的炭黑粒子所聚集成的，为了使它在生胶中均匀分散混合，必须借助炼胶机的强烈机械作用把配合剂聚集体搓开。

以炭黑与胶料混合为例，其混合分散过程可以通过混炼时混炼机功率的变化，分为以下几个阶段(见图6-3)：

1) 润湿的过程

第一个阶段是炭黑颗粒被生胶润湿的过程，即生胶分子逐渐进入炭黑颗粒附聚体的空隙成为包容橡胶。从图 6-3 中看到，润湿初期，转动需要很大的能量，因此混合过程功率曲线出现第一个峰值(b)。随着润湿阶段的进行，整个体系的表观密度增大，比容减小，所需要的功率逐渐下降，到最低点(c)时，表示混入(润湿)阶段的结束。在这一阶段要求橡胶具有较低的黏度，使炭黑等粉料容易混入，但是黏度太小对后面的分散不利。

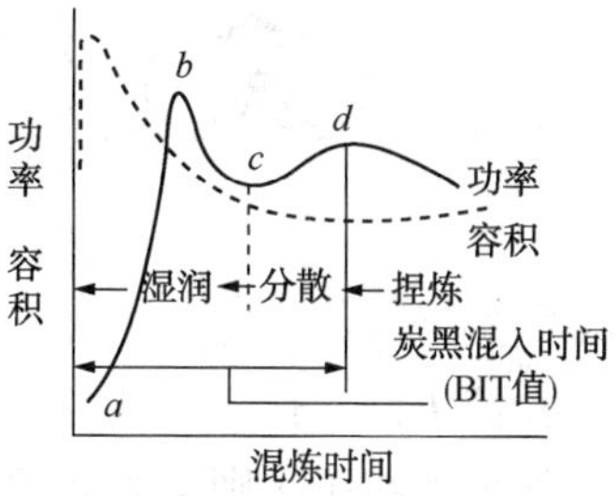

图 6-3　混炼时功率曲线变化

2）分散过程

含高浓度炭黑的包容橡胶在剪切力的作用下被搓开，变成较小的团块分散于整个胶料中，同橡胶形成一种不溶于橡胶溶剂的产物，即结合橡胶。结合橡胶导致整个体系功率逐渐升高，曲线上升，直到达到第二个峰值(d)，此时挤出膨胀率和结合胶量也达到最大值。这时炭黑基本上分散均匀，可以认为分散阶段结束。这个时间称为炭黑混入时间，简称 BIT 值，这个值可以作为生胶混炼性能判断的依据，值越小表示越容易混炼。

当胶料受到足够大的剪切作用，已经混入橡胶中的炭黑附聚体破裂，以更细的颗粒分散于橡胶中。混入的炭黑粒子被细化到一定程度(通常为 5~6μm)时，则不能进一步分散。这时的混合只改变粒子的位置，称为单纯混合。

炭黑的分散性与粒子的大小和结构有关，通常小粒子的炭黑难于分散，而结构性强的炭黑容易分散。

3）力化学降解过程

如图 6-3 所示，功率曲线在第二个峰值之后逐渐下降，是由于橡胶分子链断裂(也可能是混炼胶温度升高而导致黏度下降)。虽然在配合剂基本分散后再适当混炼可改善均匀程度，但是由于分子链断裂而导致硫化胶性能的下降。

三、混炼设备及原理

1. 混炼设备

胶料的混炼可以用开炼机或密炼机进行。两种设备的操作工艺不同，但都需要注意混炼时胶料以及配合剂的加料顺序，密炼机混炼后需要与压片机配合将混炼胶压成片存放。实验室常采用开炼机混炼，开炼机结构见塑炼工艺实验。

2. 混炼工作原理

利用开炼机进行胶料的混炼，其首要条件是胶料要包在开炼机的辊筒上，即包辊。随着辊筒温度从低变高，生胶或胶料在开炼机辊筒间可出现四个界限分明的行为区域，如图 6-4 所示。

图 6-4　胶料在开炼机中四种行为

在第Ⅰ区，辊温较低，胶料太硬、弹性比较大、易滑动，难以通过两个辊间，如果强制压入则生胶变成碎块，此时的胶料不易进入辊筒间隙。随着温度的升高而进入第Ⅱ区，胶料比第Ⅰ区容易变形，可进入辊间隙，形成一条弹性带，紧包前辊上，此时的胶料既有塑性流动又有适当高的弹性变形，由于胶带不易破裂，故最适宜于炼胶操作，混炼分散好。当温度进一步升高，到了第Ⅲ区，胶料的流动性增加，大分子间力减小，胶带强度下降而出现脱辊成带囊状或破裂现象，不能紧包在辊筒上，无法进行胶料的混炼操作。第Ⅳ区，胶料的温度更高，此时胶料呈黏性状态，粘在辊筒上，很难进行下一步混炼的吃粉和翻炼操作。

开炼机正常混炼的状态应该是使胶料处于包辊现象的第Ⅱ区，因此选择适当的温度，才能进行混炼。由于橡胶的黏弹性不仅受温度的影响，同时也受外力作用速率的影响。因此，在实际操作时，当出现脱辊现象，除了降低辊温之外，还可以通过减小辊距，加快转速或提高速比的方法予以解决，使胶料重新包辊，进行混炼。对于包辊性差的合成橡胶，可以运用先加入部分炭黑的办法来改善胶料的脱辊现象，这是因为炭黑的加入与胶料形成了结合橡胶，而结合橡胶的生成可以提高胶料的强度，形成弹性的胶带比较容易包辊。

天然橡胶只出现Ⅰ区和Ⅱ区，一般条件下的操作没有明显的Ⅲ区，所以包辊和混炼性能好。

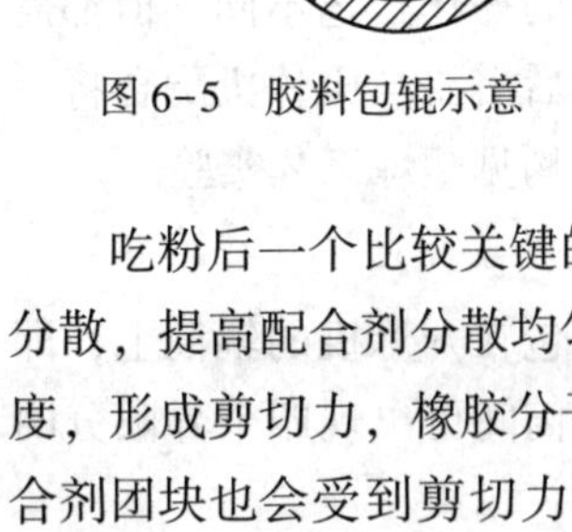

图 6-5　胶料包辊示意

胶料包辊后，需在辊距上方留有一定量的堆积胶，如图 6-5 所示，以便加入配合剂。配合剂的加入过程称为吃粉。辊筒上方的堆积胶拥挤、绉塞会产生许多缝隙，在此处加入配合剂，配合剂颗粒进入胶料缝隙中，被橡胶包住，形成配合剂团块，随胶料一起通过辊距。若想吃粉容易且快需要降低生胶或塑炼胶的黏度，适当提高辊筒温度，减少配合剂的用量，此外加料的时候均匀左右摆动。

吃粉后一个比较关键的操作为翻炼，也称为捣胶，其主要目的是加快配合剂分散，提高配合剂分散均匀性。开炼机的翻炼是由于辊筒线速度不同产生速度梯度，形成剪切力，橡胶分子链在剪切力的作用下被拉伸，产生弹性变形。同时配合剂团块也会受到剪切力作用而破碎成小团块，胶料通过辊距后，由于流道变宽，被拉伸的橡胶分子链恢复卷曲状态，将破碎的配合剂团块包住，使配合剂团块稳定在破碎的状态，配合剂团块变小。胶料再次通过辊距时，配合剂团块进一步减小，胶料多次通过辊距后，配合剂在胶料中逐渐分散开来。因此对胶料进行多次翻炼，且左右割刀、打卷或三角包以及薄通等操作，保证混炼的质量要求。配合剂的分散均匀性与胶料的黏度、辊筒温度、配合剂粒径、配合剂与生胶的相容性、辊距等都有关系。

3. 影响开炼机混炼的因素

影响开炼机混炼的因素很多，如胶料的包辊性、装胶容量、辊距、辊温、辊速、加料顺序和翻炼方法等。

1）包辊性

在开炼机混炼的操作中，塑炼胶加入辊缝后，很快就紧包于前辊形成光滑无隙的包辊胶，并在辊筒上方有一定量的堆积料时才能加入配合剂进行混炼，因此包辊是混炼的前提。包辊性通常取决于胶种，比如天然胶包辊性就好，而顺丁胶容易脱辊。但工艺操作对包辊性影响也很大，例如顺丁胶包辊性不好，但加入补强剂炭黑后，由于炭黑凝胶的生成，增加了包辊性。而有的胶包辊性很好，但由于加入过多的增黏剂或加入过多的润滑性软化剂导致粘辊或脱辊现象；也有的生胶由于塑炼不足在加入填料的时候会导致脱辊，或因辊温控制不好，也会造成包辊性不良，这些都影响混炼效果以致不能进行混炼。

2）装胶容量

一次投胶量的大小对混炼质量有密切关系。一次投胶量过大，胶会堆积辊筒上方自身打转，无法达到吃粉夹粉的目的，影响分散效果；但是一次投胶量过小，设备利用率低，而且易造成过炼。因此要保证适宜的装胶量，实验室用开炼机装胶量一般为1~2kg。

3）辊距

辊距影响装胶容量，同时也影响剪切效果。实际生产中，在装胶容量合理的情况下，辊距一般为4~8mm；在实验室里用的ϕ160mm×320mm开炼机其混炼辊距可根据胶种查阅表6-3来确定。如果天然胶与合成胶并用时，并用比例相等，总胶量可按天然胶来定辊距；合成胶大于天然胶比例时，总胶量可按合成胶定辊距，为了保持适宜的堆积胶也可用挡胶板的距离来调节。

表6-3　辊筒直径160mm的炼胶机装胶量与选用辊距参照表

胶量/g	300	500	700	1000	1200
天然胶/mm	1.4±0.2	2.2±0.2	2.8±0.2	3.7±0.2	4.3±0.2
合成胶/mm	1.1±0.2	1.7±0.2	2.1±0.2		

4）辊温

开炼机混炼时，由于辊筒的剧烈剪切作用使橡胶摩擦生热，特别是辊筒缝处温度最高，高温混炼是不利的。因为温度上升导致胶料变软，剪切效果减弱，也会导致胶料焦烧，低熔点配合剂熔化后结团无法分散，为此必须对辊温控制，一般控制在50~60℃之间。为了便于操作，要求胶料包前辊，但天然胶与合成胶的包辊性有所不同，天然胶包于热辊，因此前辊温度（55~60℃）应高于后辊温度（50~55℃）；多数合成胶易包冷辊，所以宜使用前辊温度低于后辊。另外，由于合成胶的发热量大于天然胶，所以前后辊的温度应低于天然胶5~10℃。

5）辊筒速比

速比是为了加强剪切作用，促进配合剂的分散，但速比过大，胶料生热快，易于焦烧，配合剂易被压成硬块或成鳞片，所以混炼采用的速比范围为1∶（1.1~1.2）。

6）加料顺序

加料顺序是影响开炼机混炼质量的重要因素之一，加料顺序不当，导致体系分散不均匀，严重的会导致焦烧、脱辊或过炼。加料顺序原则按照一般配合剂量少的、难分散的先加，配合剂量多而易分散的后加，如下：

生胶、塑炼胶、再生胶及各种母炼胶→固体软化剂→小料（促进剂、防老剂、活化剂）→氧化锌→补强剂→填充剂→液体软剂→硫黄、促进剂。

（1）最先加入生胶、再生胶、母炼胶等经过塑炼辊压，使胶料达到理想包辊才可开始加入配合剂。

（2）首先加入固体软化剂，以便进一步使胶料更快达到塑性状态便于操作，同时有些软化剂分散也困难，如石蜡，先加入以便更好地分散。

（3）再加入促进剂、防老剂和活化剂等小料。促进剂和防老剂虽然用量少，但均匀度要求高，应先加入；另外有些促进剂比如噻唑类和胍类促进剂都有增塑作用，先加有利于混炼操作；而防老剂先加可以预防高温混炼出现的老化；活化剂硬脂酸是表面活性剂，先加入可以改善亲水性配合剂与橡胶之间的湿润性。例如氧化锌表面是亲水性的，与橡胶之间湿润很差，当加入硬脂酸之后就能在橡胶里分散得很好。

（4）其次加入氧化锌。氧化锌是硫化活性剂，要求分散均匀，而且又是一个难分散的配合剂，所以也先加入。

（5）填充补强剂一般加入量比较大，所以采取分批少量的投加方式。如果填充补强剂和软化剂量都比较多的情况，也可采用交替投加方法。需要注意的是填充补强剂加入过早或一次性加入过多会使粉料之间聚集。

(6) 液体软化剂具有润滑性，又容易使填充补强剂结团，不易分散均匀，所以不宜过早地加入，一般是在填充补强剂之后加入。

(7) 加硫。为了防止在混炼过程中出现焦烧，一般胶料中的硫黄通常在混炼末期加入。丁腈胶混炼时，硫黄要先加入，因为它在丁腈胶中分散困难，另外在硫黄用量高达 30~50 份的硬质胶中，如果最后加硫黄会使其在短时间难以分散均匀，而混炼时间过长又会引起焦烧，故这种胶料则先加硫化促进剂。总之，硫化体系中硫黄与促进剂一定要分开加入。

7) 翻炼方法

包辊吃粉后，单靠开炼机混合作用是不能把胶料完全混合均匀的，必须借助翻炼来达到均匀，例如打三角包法、八把刀法、捣胶法、打卷法等方法。

从上述可知，在混炼过程中除要安排一个合理的加料顺序外，还要控制适宜的辊温、辊距和适宜的堆积量，并且要充分地进行翻炼，才能在短时间内获得质量均匀的混炼胶。

四、实验步骤

(1) 开炼机预热升温，按照胶种设定开炼机前后辊温度。一般天然胶的混炼前辊温度 55~60℃，后辊温度 50~60℃；合成胶前辊温度低于后辊温度，而且均比天然胶辊温度低 5~10℃方可开始混炼。

(2) 按照给定的配方称量各种原材料。

(3) 经指导教师或实验室工作人员允许，开空车检查，试急刹车等，如无异常，可开始实验。

(4) 混炼操作包辊、吃粉和混炼三段进行。

① 将辊距调在 0.5~1mm 范围内，把生胶或塑炼胶、再生胶及各种母炼胶等投入开炼机的两辊缝隙中，经过 2~3min 的挤压、翻炼，一般便能均匀连续地包于前辊，形成光滑无隙的包辊胶。此时取下全部胶，参照表 6-3，根据投胶量放宽辊距，再把胶投入辊缝使其包辊后，根据堆积胶情况割下余胶，开始加入配合剂。

② 按下列顺序加入配合剂：固体软化剂→促进剂、防老剂、硬脂酸等小料→氧化锌→填充补强剂→液体软化剂→翻炼→硫化剂→翻炼。

每加完一种配合剂均要翻炼 2 次，在加填补剂时应注意吃粉自然地进入胶中与橡胶充分混合，而切勿过早地采取割刀，同时要逐步调宽辊距，以使堆积胶量保持在适宜的范围内。待粉剂全部吃完后，由中央割刀分往两端，2min 后将液化剂慢慢加入，再翻炼 3~4min 使混炼均匀。取下全部胶料，用表面温度计测量辊温，将辊温控制在 45℃。投入胶料包辊后，割余胶，使堆积胶减少。加入硫化剂，待硫化剂全部混入后再将余胶投入至均匀。

③ 各种配合剂加完后，就要进行翻炼以便达到均匀。一般常用八把刀法、打三角包法等翻炼 3~4min，这时胶料颜色均匀一致，表面光滑即混炼好。

④ 胶料下片：应按试样要求进行胶料下片。各种试样厚度要求见表 6-4，下片后在室温下冷却停放 8h 以上送去进行测试。

表 6-4　不同测试要求试样的厚度

试样名称	威廉姆可塑度	硫化仪试片	阿克隆磨耗	转动（门尼）黏度	曲挠疲疲劳	多次压缩生热	有效弹性滞后损失
下片厚度/mm	14~15	5~6	3. 5±0. 2	8±0. 2	7±0. 2	2±0. 2	2. 4±0. 2

五、注意事项

见塑炼工艺实验。

六、思考题

(1) 混炼的加料顺序、混炼时间、容量、温度等对混炼的质量有何影响？

(2) 实验操作中是如何思考和处理这些影响因素的？有何现象？试分析原因。

硫化工艺实验

一、实验目的

硫化是在一定温度、时间和压力条件下，混炼胶的橡胶分子进行交联的过程。在硫化过程中，混炼胶性质有了根本的变化，链状分子变成立体网状结构分子，原来的塑性消失，而弹性增加，其他物理机械性能和化学性能也提高了，成为更有实用价值的硫化胶。

硫化是橡胶制品加工的最后一道工序，硫化的好坏对制品的质量影响很大，因此严格掌握硫化条件是十分重要的。

二、实验原理

橡胶的硫化是一个非常复杂的化学反应过程。硫化使橡胶分子由线性结构变成了网状结构，其性能发生了非常大的变化。橡胶所采用的硫化剂不同，其硫化机理也不同，硫化体系不同，机理也有差别。例如采用硫化剂+硫化促进剂的硫黄体系，其硫化机理如下：

首先促进剂先均裂，生成促进剂自由基，此促进剂自由基可引发硫化开环，并可与之结合产生多硫自由基：

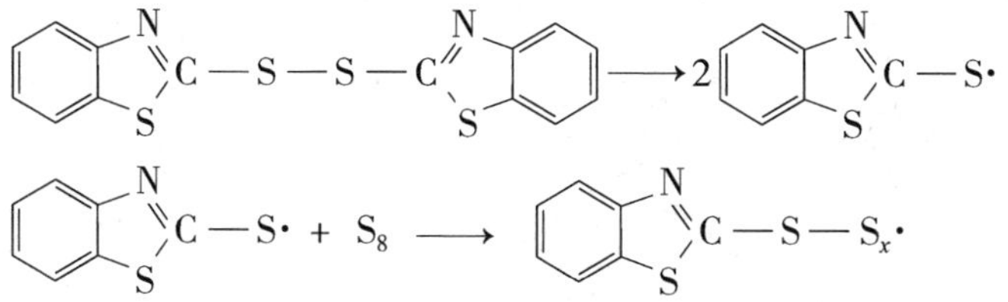

多硫自由基可以引发橡胶分子生成自由基。由于橡胶分子中的 α-亚甲基上的氢原子比较活泼，因此反应主要发生在此亚甲基上：

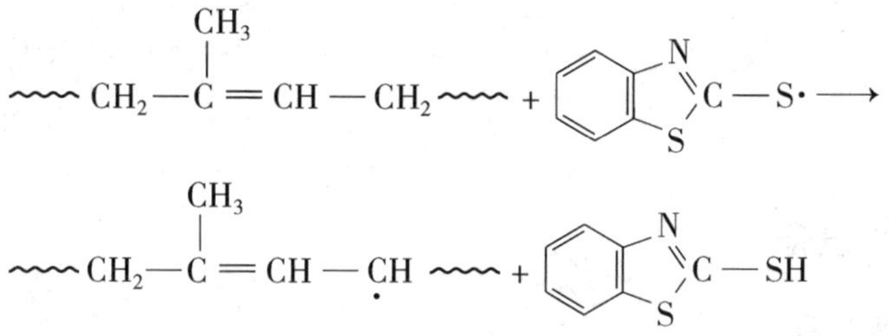

橡胶大分子链自由基与促进剂多硫自由基结合，生成连接活性多硫侧基的橡胶分子：

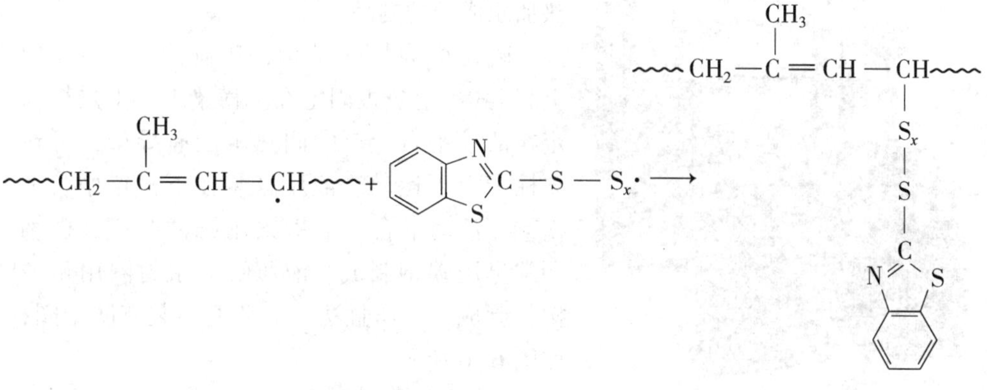

最后这些橡胶分子多硫侧基可以裂解产生自由基，再与橡胶自由基结合，生成交联键：

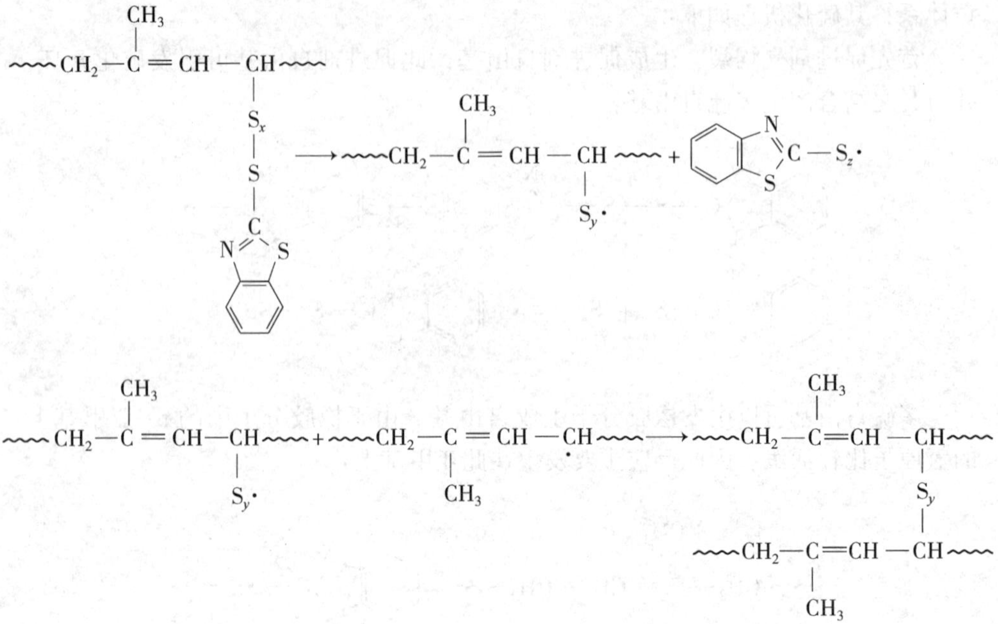

三、实验设备

1. 平板硫化机

本实验采用 0.25MN 电加热平板硫化机，适用于成型橡胶、塑料和其他热固性材料的模型制品及非模型制品硫化。用于压制一些薄片制品，也可以用于加工其他需要加热加压成型的制品。

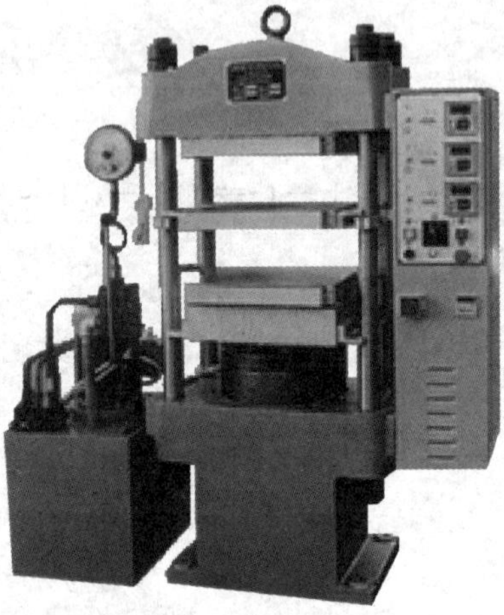

图 6-6　0.25MN 电加热平板硫化机

硫化机为柱式结构，压制形式为下(向上)压式。上热板固定在上横梁上，下热板固定在活动平台上。中间热板装有导架，可在立柱中上下运动。液压缸装在下横梁中。上横梁、活动平台、下横梁用铸铁制成，柱轴和螺母用碳钢制成。液压缸的密封圈用耐油橡胶制成。液压缸法兰的环槽中装有防尘圈，如图 6-6 所示。

平板硫化机热板的加热方式为电加热，主要技术参数见表 6-5。

表 6-5　硫化机的主要技术参数

公称合模力	工作液最大压力	柱塞直径	柱塞最大行程	热板规格	热板间距	层数	电加热总功率	最高工作温度
0.25MN	14.5MPa	150mm	150mm	350mm×350mm	75mm	2层	4.8kW	200℃

2. 平板硫化机控制因素

对已确定配方的胶料而言，平板硫化机硫化控制的因素有三个：硫化压力、硫化温度和硫化时间，又称硫化的三要素。

1）硫化压力

硫化过程中对胶料施加一定的压力，其主要有以下几个目的：使胶料在模腔内顺利流动，充满模腔（包括沟槽或花纹），以制得花纹清晰的制品，防止出现气泡或缺胶现象，提高胶料的致密性，增强胶料与布层或金属的附着强度，有助于提高胶料的物理机械性能，如拉伸性能、耐磨性、抗屈挠、耐老化等。

硫化压力的选取主要根据胶料的性质、产品结构和其他工艺条件等决定。

对胶料流动性较差的、产品形状结构复杂的，或者产品较厚、层压层数多的宜选用较大的硫化压力。硫化温度提高，硫化压力也应高一些。但过高压力对橡胶的性能也不利，高压会对橡胶分子链的热降解有加速作用；对于含纤维织物的胶料，高压会使织物材料的结构被破坏，导致耐屈挠性能下降。一般在 1.5～2.5MPa 范围内选取。

2）硫化温度

硫化温度直接影响着硫化反应速度和硫化质量。硫化温度是促进硫化反应的主要因素，提高硫化温度可以加快硫化速度，缩短硫化时间，提高生产效率。

3）硫化时间

硫化时间是由胶料配方和硫化温度来决定的。硫化反应的程度与硫化时间有关，而反应交联程度又与橡胶的性能有关。对于给定的胶料来说，在一定的硫化温度和压力条件下，有一个最适宜的硫化时间，时间过长、过短都会影响硫化胶的性能。因此选择一个合适的硫化时间对得到性能优良的制品是非常关键的。硫化时间和硫化温度是互相依赖的，其关系如下：

$$\frac{\tau_1}{\tau_2}=K^{(T_2-T_1)/10}$$

式中　τ_1——温度为 T_1 时的硫化时间，s；

τ_2——温度为 T_2 时的硫化时间，s；

K——硫化温度系数，大多数橡胶在硫化温度为 120～180℃ 范围内 K 在 1.5～2.5 之间选取，通常取 $K=2$。

从公式可以看出，当 $K=2$ 时，温度每升高 10℃，硫化时间就可减少一半，说明硫化温度对硫化速度的影响是十分明显的。也就是说，提高硫化温度就可加快硫化速度。因此从提高生产效率的角度来看应该提高硫化温度。但是提高温度会受到很多因素的制约，例如高温容易引起橡胶分子链裂解和硫化返原，导致胶料力学性能下降等。部分胶料适宜的硫化温度见表 6-6。

表 6-6　胶料适宜的硫化温度

胶种	硫化温度/℃	胶种	硫化温度/℃	胶种	硫化温度/℃
异戊胶	150	丁苯胶	180	天然胶	143
顺丁胶		丁腈胶		丁基胶	170
硅橡胶	160	氟橡胶	160	三元乙丙橡胶	160~180

总之，要得到优质的制品，除了设计一个理想的配方外，还必须选择适宜的温度、压力和硫化时间。

四、实验步骤

1. 试样的准备

利用混炼实验制作的混炼胶片，当厚度符合要求时，进行试样裁片，其裁片的方法如下：

1）板状或条状试样

用裁片样板在胶料上按混炼胶的剪切方向划上裁剪痕，用剪刀裁片，胶料的体积应稍大于模具的容积，其质量要用天平或台秤称量。按着剪切方向在胶料边上贴好编号及硫化条件的标签。

2）一般圆柱试样

取 2mm 以下的混炼胶片，以试样的高度为宽度，按剪切垂直方向裁成胶条。把它卷成圆柱体，圆柱体要卷得紧密，不能有气隙，柱体直径要稍微小于模腔，高度要高于模腔，质量大于计算值。在柱体底面贴上编号及硫化条件的纸标签。

3）圆形试样

按照要求，把混炼胶裁成圆形胶片试样，如果厚度不够时，可把胶片折叠而成，体积和质量应大于计算值。在圆形试样底面贴上编号及硫化条件的纸样标签。

2. 实验

(1) 打开平板硫化机电源开关，按照胶种设定硫化温度，开始加热。

(2) 将所用的模具在硫化温度下预热 30min 左右。

(3) 将准备好的试样投入预热模具的模腔内，立即合模，放入平板硫化机平板中央，并加压。当压力表指示到所需的工作压力时，开始计算硫化时间并加以记录。在硫化到达预计时间的前 10~15s 时，去掉平板间压力立即进行启模。

(4) 硫化后出模的试样去掉飞边，在室温下存放 6h 后测试。

五、注意事项

(1) 平板硫化机工作时需要加热加压，操作时注意高温防烫，防止压伤。

(2) 模具应放在平板硫化机热板的中心，模具的尺寸不得小于 150mm×150mm。

(3) 如有异常噪声，应立即停机检查，排除故障后，方可再次使用。

(4) 硫化机正常使用时，工作液压力不允许超过 14.5MPa，热板允许的最高加热温度 200℃。

六、思考题

(1) 如何确定硫化三要素？

(2) 硫化前后材料结构以及性能有何不同？

实验七　橡胶硫化曲线(正硫化点)测定

一、实验目的

(1) 掌握橡胶的硫化历程及其特性。

(2) 掌握硫化曲线的处理方法。

(3) 熟练硫化仪的结构和操作。

二、实验原理

硫化是在一定温度、时间和压力下，混炼胶的线型大分子进行交联，形成三维网状结构的过程。橡胶硫化是橡胶加工中最重要的工艺过程之一，也是橡胶加工中最后一道工序。硫化结果，使未硫化胶变成硫化胶，使橡胶的塑性降低，弹性增加，抵抗外力变形的能力大大增加，并提高了其他物理和化学性能，使橡胶成为具有使用价值的工程材料。

橡胶在硫化过程中，其各种性能随着硫化程度增加而变化。因此将与橡胶硫化程度成正比的某些性能(如定伸强度)的变化与对应的硫化时间作曲线图，即为硫化历程图，如图 7-1 所示。可以看到，硫化历程可以分为四个阶段。

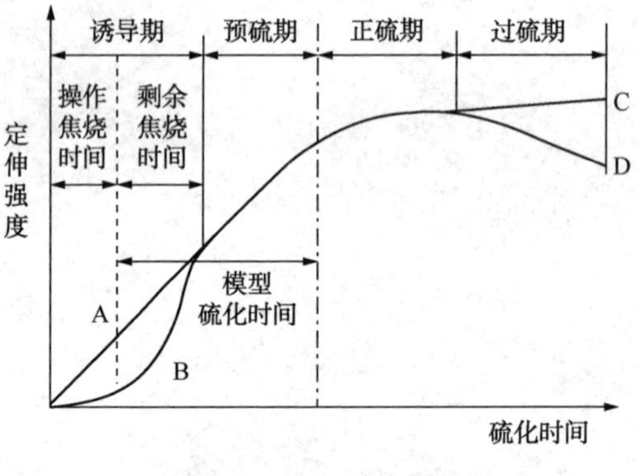

图 7-1　橡胶硫化历程

A—起硫快速的胶料；B—有迟延特性的胶料；

C—过硫后定伸强度继续上升的胶料；D—具有返原性的胶料

诱导期(焦烧期)：焦烧阶段也称为硫化的起步阶段，是指硫化开始前的延迟作用时间，也称硫化反应的诱导期。对于不同的胶料，这个阶段有的时间比较长，而有的又很短。主要与胶料的性质以及配方的组成有关，特别是配方中的硫化促进剂、活化活性剂等配合剂的种类和数量影响很大。

预硫期(欠硫期)：预硫阶段是指胶料开始硫化，并随着硫化的进行，橡胶的交联程度逐渐增加，形成网状结构，橡胶的物理机械性能逐渐提高，只是还没有达到预期的水平，但有些性能，如耐磨性、抗撕裂性达到最佳状态。预硫阶段的时间也与硫化速度和胶料配方有关。

正硫期：也称平坦硫化阶段。当橡胶的交联反应达到一定程度后，各项指标，如定伸强度均已经达到最佳值，即综合性能最好，这个阶段称为正硫化阶段，该段时间称为硫化时间。

过硫期：在生胶的硫化过程中始终贯穿着交联反应和热断链反应，只是在不同的时期两种反应所占的主次不同。在过硫阶段就是氧化断链占主要地位，比如天然橡胶、丁基橡胶等属于此类，这种现象称为硫化返原现象；而合成橡胶会因为交联过度，发生支化或环化而变硬，该种现象称为硫化非返原现象。硫化返原现象的还有采用硫黄硫化、用超速促进剂的胶料，这种硫化胶生成的多硫键比较多，键能低，热稳定差。非硫黄硫化或硫黄用量低，形成无硫键或少硫键，热稳定性好，硫化平坦期长。

从图 7-1 可以看到，在正硫期，即在平坦硫化阶段，硫化胶的各项物理机械性能(如定伸强度)达到或接近最佳值，其综合性能最好，达到正硫化状态所需的时间为理论上的正硫化时间。但是在实际应用上，由于橡胶各项性能往往不会在同一时间都达到最佳值，而且对制品性能指标的要求也不一样，往往侧重于某一两个方面。因此确定最佳正硫化时间常常侧重于某些性能来选择，为了区别于理论正硫化时间，这个时间称之为工艺正硫化时间或技术正硫化时间。硫化时间是一个很重要的参数，确定硫化时间一般是采用拉伸强度达到最高值前的一点的时间或强度积最高值。这种考虑主要基于橡胶的后硫化，即制品取出后由于导热性差，传热时间长，会产生继续硫化的现象，后硫化会使性能有所提高。这一个阶段的长短取决于胶料的配方。

硫化程度，如欠硫、正硫、过硫决定了硫化胶性能的好坏，而硫化程度与硫化条件有着直接的关系，因此准确地测定和选取正硫化的条件，如硫化温度和硫化时间就成了获得最佳性能产品的关键。

从硫化反应动力学原理来说，正硫化的状态应是胶料达到最大交联密度时的状态，因此正硫化点主要根据胶料与某些主要性能指标成正比为基础进行测定的。测定正硫化点的方法有化学法、物理机械性能法、专用仪器法。

专用仪器法是利用专门的测试仪器来测定橡胶硫化特性并确定正硫化点的方法。目前主要有门尼黏度计和各类硫化仪，本实验采用硫化曲线测定仪测定硫化曲线，确定正硫化点。

三、实验仪器与原料

1. 实验仪器

MZ－4010B_1无转子硫化仪、裁刀或剪刀。

图 7-2　MZ-4010B_1无转子硫化仪

MZ-4010B_1无转子硫化仪见图 7-2，是一种高度自动化的橡胶硫化特性检测设备，用于测定未硫化橡胶的特性，找出胶料的最适合硫化时间，也可以进行 T_{30}、T_{60}、T_{90}数据的选用。

该仪器为机、电一体化智能型仪器，主要由机械部件(机箱，上、下模腔，摆动机构，测力传动机构)、气动控制系统、电器控制系统和以微处理器为基础的测控系统。主要技术参数见表 7-1。

表 7-1　MZ-4010B_1无转子硫化仪技术参数

温度范围	升温时间	力矩量程	力矩显示分辨率	外形尺寸
室温～300℃	≤15min	0～10. 00N · m	0. 001N · m	645mm×580mm×1300mm
温度分辨率	温度波动	摆动角度	摆动频率	最长试验时间
0～200℃　0. 1℃ 0～300℃　1℃	≤±0. 5℃ 加料以后	±0. 5° 总幅度为 1°	1. 7Hz±0. 1Hz (102r/min±6r/min)	120min

根据弹性统计理论剪切模量与交联点密度的关系如下：

$$G = \rho RT$$

式中　G——剪切模量，MPa；

ρ——交联点密度，mol/mL；

R——气体常数，Pa · L/(mol · K)；

T——绝对温度，K。

R、T 是常数，剪切模量与交联点密度成正比，剪切模量 G 能够反映胶料交联程度。

将未硫化胶料放入保持规定压力和温度的近似于密封的试验模腔内，其中一个模腔以一定频率(1. 7Hz)和振幅(±0. 5°)进行振荡，模腔的振荡使胶料产生剪切应变，测定胶料对模腔的反作用力(即转矩)，此力取决于胶料的剪切模量。在硫化过程中，胶料试样的形变逐渐增大，由测力机构检测并通过计算机实时绘图。当转矩上升到稳定值或最大值时，便得到一条转矩与时间的对应关系曲线，即硫化特性曲线。

2. 实验原料

硫化原料采用混炼后的胶料。混炼后的胶料，即混炼胶停放 2h 以后(不能超过 10 天)就可以进行试验。混炼胶要求无杂质、气泡和灰尘等杂物。混炼胶用裁刀或剪刀加工成两块圆片，厚度 3~4mm，直径约 40mm。

四、实验步骤

(1) 打开测控系统，进行参数设置(每批试验都必须进行参数设置)。输入的主要参数有：试样名称、试样硬度、试样时长(最长试验时间 120min)、上模温度值(只可输入小于 300 的数值)、试验的最大扭矩值为 10N · m 以及其他常规参数。

(2) 开始试验。放入胶料后，直接按主机面板上的“试验”按钮进行合模试验操作，此时玻璃门下移，上模合模，并且电机启动，试验开始可在绘图区看到硫化曲线随扭矩增大而逐步变化。实验结束，按照要求打印报告和曲线。

(3) 实验结束，关闭系统。

五、实验结果

1. 胶料的硫化曲线

如图 7-3 所示为硫化仪测定的胶料的硫化曲线。胶料在试样室中硫化开始时，其转矩(或黏度)为 *O* 点所示。当胶料逐渐受热升温，其黏度也逐渐下降到 *D* 点。*D* 点以后曲线又开始上升，表明胶料有轻微的交联，但在 *E* 点以前仍然能够流动。从 *O* 点到 *E* 点的时间即为焦烧时间。*E* 点以后胶料不能进行塑性流动，而是以一定的速度进行交联直到正硫化点 *F*。硫化曲线的形状与试验温度和胶料特性有关。从硫化曲线可以得到如下数据：

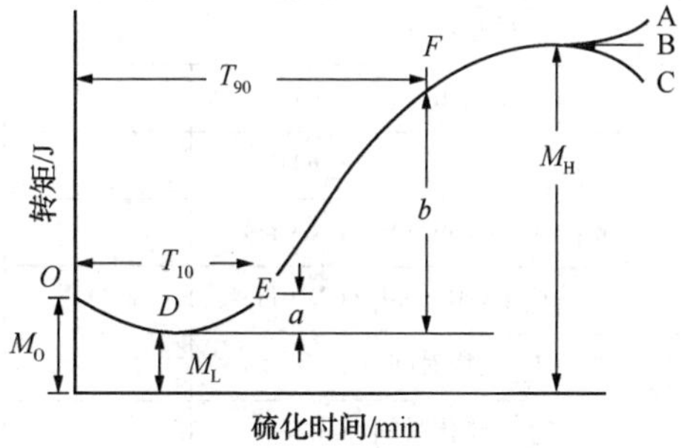

图 7-3　硫化仪测定的胶料的硫化曲线

M_0——初始转矩，N · m；

M_L——最小转矩，N · m；

M_H——最大转矩，N · m；

T_{s1}——初始硫化时间，即从试验开始到曲线由 M_L 上升 0. 1N · m 所对应的时间，min；

T_{s2}——初始硫化时间，即从试验开始到曲线由 M_L 上升 0. 2N · m 所对应的时间，min；

T_{10}——初始硫化时间，即焦烧时间，为 $M_L+10\%(M_H-M_L)$ 所对应的时间，min；

T_{50}——能最精确评定的硫化时间，为 $M_L+50\%(M_H-M_L)$ 所对应的时间，min；

T_{90}——最佳硫化时间，即正硫化时间，为 $M_L+90\%(M_H-M_L)$ 所对应的时间，min。

从 F 点以后，曲线可能有三种走向：A 硫化曲线继续上升，很少发生此现象；B 线是最典型的硫化曲线，交联与裂解达到平衡；而 C 硫化曲线下降，此现象为硫化返原现象，裂解占主要趋势。

2. 数据处理

将曲线的数据填入表 7-2，同时分析不同温度下的硫化曲线，确定比较理想的硫化工艺条件。

表 7-2　胶料硫化特性记录

试样名称	胶料				
试验温度/℃	温度 1	温度 2	温度 3	温度 4	温度 5
最小转矩 M_L/(N·m)					
最大转矩 M_m/(N·m)					
$(M_H-M_L)\times10\%+M_L$/(N·m)					
$(M_H-M_L)\times90\%+M_L$/(N·m)					
T_{10} 焦烧时间/min					
T_{90} 正硫化时间/min					

六、思考题

(1) 影响硫化特性曲线的主要因素是什么？

(2) 未硫化胶硫化特性的测定有何实际意义？

(3) 为什么说硫化特性曲线能近似地反映橡胶的硫化历程？

(4) 最佳硫化时间和最佳工艺条件有何区别？

第二部分　配方设计实验

配方部分实验属于设计型实验。本实验主要有两个主线：分别为塑料和橡胶的配方设计实验。塑料配方设计实验主要包括聚氯乙烯配方设计和聚丙烯改性设计，橡胶配方实验主要为异戊橡胶配方设计与工艺。配方设计实验前需要根据既定的目标查找资料；按照实验分组进行组内讨论，确定配方(可以按照正交设计法)以及实验方案，包括实验过程(例如实验用设备、实验操作条件、实验操作顺序)；同时考虑最终达到的结果采用何种性能测试，如力学性能、热性能、燃烧性能等，对配方的合理性进行评价。实验全部结束后，实验报告以小论文的形式上交。

实验八　聚氯乙烯配方设计

单纯的PVC树脂是一种较刚性的原料，熔体黏度大、流动性差。它虽具有一般非晶态线型聚合物的热力学状态，但熔融范围窄，对热不稳定，在成型温度下会发生严重的降解，放出氯化氢气体，导致树脂变色和粘附设备。因此，在成型过程中加入热稳定剂及其他添加剂，配制成不同组分的均匀复合物，改善其成型加工性能，达到符合使用性能要求和降低成本的目的。

一、实验目的

(1) 掌握软质聚氯乙烯和硬质聚氯乙烯的配方设计、混合、塑炼及其压制方法。

(2) 掌握配方中各组分的作用。

(3) 学会使用高速混合机、双辊开炼机以及液压机或平板硫化机等设备。

二、实验原理

1. 配方设计

配方设计是聚合物加工过程的重要步骤，对于聚氯乙烯树脂尤其重要。PVC是一种多组分塑料，通常不能单独使用，由于其对热比较敏感，必须加入热稳定剂、加工改性助剂、润滑剂等保证加工性能。此外，也可以根据不同用途加入不同的助剂。因此，PVC 树脂随着组成的不同，其制品可呈现不同的物理机械性能。比如加不加增塑剂，或者加多少增塑剂，就使它表现出明显不同的软硬。实验以及生产中为了改善聚氯乙烯的加工成型性能，获得良好的制品性能，以及降低产品成本，必须在聚氯乙烯树脂中配以各种助剂。

1）树脂

树脂是塑料的主要成分，决定塑料制品的基本性能。塑料制品加工中，树脂为均一的连续相，赋予塑料一定的力学性能。从材料成本角度出发，除了配制 PVC 塑性溶胶选用乳液聚合的 PVC 树脂(价格较高)，一般加工成型均选用悬浮法生产的 PVC 树脂。

PVC 树脂按照相对分子质量大小分为若干型号，不同型号适合不同产品。部分 PVC 型号及其用途见表 8-1。硬质 PVC 制品所用树脂通常绝对黏度为 1.5~1.8mPa·s，而软质 PVC 制品常用绝对黏度为 1.8~2.0mPa·s 的悬浮法疏松型树脂，疏松型树脂更易于吸收增塑剂。

表 8-1　部分 PVC 型号及其用途

型　号	SG1	SG2	SG3	SG4	SG5	SG6	SG7
黏数/(mL/g)	156~144	143~136	135~127	126~119	118~107	106~96	95~87
K 值	77~75	74~73	72~71	70~69	68~66	65~63	62~60
平均聚合度	1785~1536	1535~1371	1370~1251	1250~1136	1135~981	980~846	845~741
用途	高级绝缘材料	电线电缆绝缘层、保护层及氯纶纤维等软制品、蓄电池隔板		膜、软管、人造革	硬管、硬片、型材、透明瓶、包装硬软片	硬管、唱片、管件、玩具、透明硬片	注射制品

2）热稳定剂

热稳定剂是一种防止塑料在高温或温度不高、作用时间较长状态下，产生降解作用的一类助剂。PVC 在加工过程中需要加热到 160℃才能塑化成型，但是由于 PVC 结构的缺陷以及自身的问题，PVC 在大概 120~130℃的时候就开始降解并放出 HCl 气体，放出的 HCl 又对 PVC 的进一步降解起到催化作用。因此，PVC 的加工必须加入热稳定剂。PVC 的热稳定剂主要有盐基性铅盐类(如三盐基硫酸铅、二盐基亚磷酸铅)、金属皂类(主要为硬脂酸的盐类，如铅、镉、钙、锌等)、有机锡化合物(如二月桂酸二丁基锡)、辅助的热稳定剂(如环氧化合物)、复合热稳定剂。每一类热稳定剂的作用机理不同，需要根据具体的树脂以及产品性能、使用进行选择。

3）润滑剂

润滑剂是一类能够改进 PVC 熔体的流动性能，减少或避免对设备的摩擦和粘附，改进制品表面光亮度的助剂。润滑剂常用种类有脂肪酸及其皂类、脂肪酸酯类、脂肪醇类、酰胺类、石蜡、低相对分子质量的 PE、合成蜡、丙烯酸酯类、某些有机硅化合物。按照作用机理可以将润滑剂分为内润滑剂和外润滑剂。为了减小摩擦热，防止降解，硬质 PVC 一般需要加入润滑剂。

4）填充剂

填充剂也称为填料，添加到树脂中，可以改善 PVC 的成型加工性能，提高制品的性能，也可以赋予 PVC 新的性能，增加体积、减少树脂的用量、降低成本等。在填充剂中无机填充剂的填充量比较大，加入时要考虑利用偶联剂进行表面处理，增加填料与树脂之间的界面结合能力。填充剂选择和加入需要注意的是分散性和吸油量、对聚合物及其他助剂呈惰性、对加工性能无严重影响、不损坏设备、不因分解或吸湿使制品产生气泡等。

5）加工改性剂

硬质 PVC 制品，一般不加或加入很少的增塑剂，这样的树脂存在加工性差、热稳定性差、耐热性差和冲击性差的缺点，因此要加入各种改性剂。改性剂主要有以下几类：

（1）抗冲击改性剂：主要改进 PVC 的抗冲击性及低温脆性等。常用的抗冲击改性剂有氯化聚乙烯(CPE)、乙烯-醋酸乙烯共聚物(EVA)、丙烯酸酯类共聚物(ACR)、丙烯腈-丁二烯-苯乙烯接枝共聚物(ABS)及甲基丙烯酸甲酯-丁二烯-苯乙烯接枝共聚物等。

（2）加工改性剂：为只改进材料的加工性能而不会明显降低或损害其他物理性能的物质。常用的加工改性剂如丙烯酸酯类共聚物(ACR)、α-甲基苯乙烯低聚物及丙烯酸酯和苯乙烯共聚物等。

（3）热变形改性剂：用以改进制品的负荷热变形温度。常用的热变形改性剂有丙烯酸酯和苯乙烯类聚合物等。

6）增塑剂

增塑剂是一类增加树脂的可塑性、流动性，使制品具有柔软性的助剂。对于硬质聚氯乙烯制品，一般不加或少加(加入 5%以下)增塑剂，而软质 PVC 制品中的增塑剂加入量约为 40～70 份(PVC 为 100 份时)。用于 PVC 的增塑剂种类很多，应根据产品性能、原料性能、来源及价格等综合考虑。常用的有邻苯二甲酸酯类、己二酸和癸酸酯类及磷酸酯类等。

此外，还可根据制品需要加入颜料、阻燃剂及发泡剂等。

聚氯乙烯配方中各组分的作用是互相关联的，不能孤立地选配，在选择组分时，应全面考虑各方面的因素，按照不同制品的性能要求、原材料来源、价格以及成型工艺进行设计。

2. 混合

混合是使多相不均匀体系变成多相均匀体系的过程，混合后的料称为初混料。该过程可以使 PVC 与各种助剂在 PVC 流动温度以下进行简单混合。

对于不同产品的配方，例如软质 PVC(含有大量的增塑剂，称为润性物料)和硬质 PVC(非润性物料)，由于体系中增塑剂的含量差别很大，因此混合工艺不同，为保证混合过程中组分分散均匀，必须考虑以下因素：

(1) 为了保证混合分散均匀，必须注意加料顺序。对于不含增塑剂的非润性物料，其加料顺序大体为树脂、热稳定剂、加工助剂、冲击改性剂、色料、填料、润滑剂等，计量后按照一定顺序加入混合机内。润性物料混合顺序，首先将树脂加入混合机搅拌，温度、时间要根据配方特别是增塑剂的含量来确定，然后将预热的增塑剂利用喷射器喷到翻滚的树脂中。充分混合，再加入由稳定剂、染料等助剂与部分增塑剂研磨调制的浆料，最后加入填料(填料先加入会吸收增塑剂，影响制品的柔软性)以及其他助剂，混合后出料。

(2) 润性物料的混合，要特别注意的是，混合好的物料能自由流动，互不粘结，并应冷却到 40~60℃存放。选用的树脂应易于均匀吸收增塑剂，如存在没有吸收增塑剂的粒子，将给制品带来“鱼眼”斑。

(3) 采用高速加热混合机混合，一般混合的时间为 8~10min，出料后要经过带冷却夹套的混合机中冷混合，温度达到 40~60℃，防止结块或降解。

(4) 混合温度、混合时间以及搅拌桨形式均影响混合料的均匀性。

3. 塑炼(塑化)

初混合的 PVC 和助剂是在 PVC 黏流温度以下进行的，故很难使其中的组分混合均匀，会影响产品最终的性能。因此本实验在模压 PVC 板材之前需要将 PVC 加热到黏流状态，并在一定力的作用下使组分进一步细化，达到均匀状态，即塑炼(塑化)。

塑炼(塑化)是借助加热以及剪切应力，使 PVC 树脂熔化，驱逐出其中的挥发物，并进一步分散其中的助剂，使其中的组分达到均匀状态。因此塑炼的温度在树脂的黏流温度 T_f 或熔点 T_m 以上，并且要考虑剪切摩擦热的作用。塑炼时间的长短，根据物料的性质而定。

目前生产中广泛采用的塑炼设备是开放式塑炼机、密闭式塑炼机和各种类型的挤出机。实验室常采用开放式塑炼机，见实验六“橡胶塑炼工艺”。

4. 模压

模压是利用塑料液压机或平板硫化机，将塑炼后的片材裁剪叠合放入模具的模腔内，在一定温度、时间和压力条件下，模具内物料流动充满模腔，在压力下进行冷却的过程。

影响模压过程的因素有模压温度、模压压力及模压时间等。模压成型见实验六“橡胶硫化工艺”，注意 PVC 模压成型和橡胶的硫化工艺不同。

三、实验设备及原料

1. 原料

PVC 树脂、三盐基硫酸铅、二盐基亚磷酸铅、硬脂酸铅、硬脂酸钡、硬脂酸钙、石蜡、硬脂酸、碳酸钙、滑石粉、邻苯二甲酸二辛酯(DOP)以及邻苯二甲酸二丁酯(DBP)等。

2. 实验设备

YX3-100L1-4 型高速加热混合机、双辊开炼机(见实验六)、平板硫化机(见实验六)。

高速加热混合机，简称高混机，系小型混合机，它主要用于塑料树脂与其他物料均匀混合，粒料着色，吸湿性树脂制品前干燥。如图 8-1 所示，高混机是密闭的高强力、非熔融的混合设备，主要由圆筒形混合室和设在混合室底部的高速转动的叶轮组成。在固定的圆筒形容器内，由于搅拌叶轮的高速旋转而促使物料混合均匀，除了使物料混合均匀外，还有可能使塑料预塑化。在圆筒形混合室内，设有挡板，由于挡板的作用使物料呈流态化，有利于物料的分散均匀。在混合时，物料沿容器壁急剧散开，造成漩涡状运动，由于粒子的相互碰撞和摩擦，导致物料升温，水分和挥发分逃逸，增塑剂被吸收，物料与各组分助剂分散均匀。为提高生产效率，混合过程一般需要加热，并按需要顺序加料。高混机主要技术参数见表 8-2。

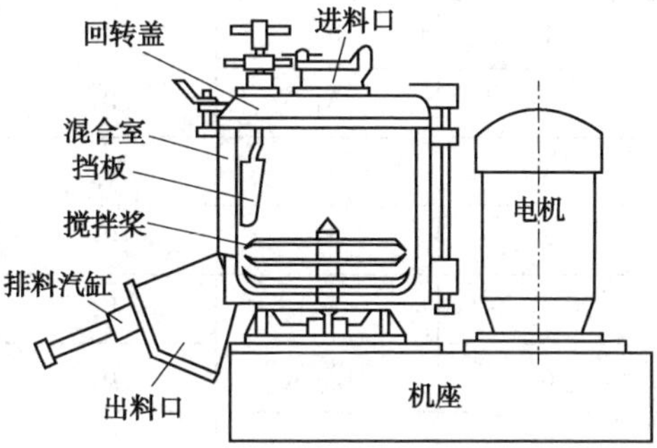

图 8-1　高速加热混合机

表 8-2　高混机的主要技术参数

总容积	有效容积	混合温度	混合时间	加热方式	电加热功率	物料测温方式	排料方式
10L	6~7L	20~200℃	10~15min	油介质电加热	2kW	热电偶	手动

四、实验步骤

1. 配方设计

聚氯乙烯产品中有很多助剂，如热稳定剂、增塑剂、加工改性剂、润滑剂、冲击改性剂和填料等，助剂的品种、数量对制品的各种性能影响很大，因此配方需要根据产品的性能来确定。

在聚氯乙烯(PVC)产品进行配方设计的时候，首先了解PVC树脂的类型、性能(包括基本性能、使用性能)、适合的加工方法，然后进行树脂和助剂的选择、树脂和其他组分的配比关系。其中树脂和其他组分的配比关系是关键环节，一般采用单因素法设计、多因素多水平的正交设计等，最后通过实验进行筛选。常用的正交设计如表8-3所示。表中的因素可以是样品的性能，如拉伸强度、弯曲强度、冲击强度、硬度、维卡软化点或热变形温度等。

表8-3　正交设计表 $L_9(3^4)$ 及实验结果

试验号	因素A	因素B	因素C	因素D	某个性能数值
1	A_1	B_1	C_1	D_1	E
2	A_1	B_2	C_2	D_2	F
3	A_1	B_3	C_3	D_3	G
4	A_2	B_1	C_2	D_3	H
5	A_2	B_2	C_3	D_1	I
6	A_2	B_3	C_1	D_2	J
7	A_3	B_1	C_3	D_2	K
8	A_3	B_2	C_1	D_3	L
9	A_3	B_3	C_2	D_1	M
Ⅰ	E+F+G	E+H+K	E+J+L	E+I+M	
Ⅱ	H+I+J	F+I+L	F+H+M	F+J+K	
Ⅲ	K+L+M	G+J+M	G+I+K	G+H+L	
极差 R	$R_{A\,max}-R_{A\,min}$	$R_{B\,max}-R_{B\,min}$	$R_{C\,max}-R_{C\,min}$	$R_{D\,max}-R_{D\,min}$	

2. 配料

按照实验前设计的配方，以配料总量为250～300g左右(根据不同尺寸的模具而定)计算并称量树脂及各种助剂，见表8-4。

表 8-4 实验配方参考份数

组分	参考份数	备注
树脂	100	型号按照产品要求而定
热稳定剂	1.0、1.5、2.0、2.5、3.0	区分主稳定剂和辅助稳定剂
增塑剂	5.0、20.0、30.0、40.0、50.0	根据产品要求是否加入或加入多少
润滑剂	0.2、0.6、1.0、1.4、1.6	分为内外润滑，少量加入
加工改性剂	1.0、2.0、3.0、4.0、5.0	见实验十七
冲击改性剂	5.0、7.0、9.0、11.0、13.0、15.0	选择合适的种类
填料	5.0、8.0、12.0、15.0、20.0	选择填料，并根据需要进行活化处理

3. 混合

(1) 准备：将高混机清扫干净后关闭釜盖和出料阀，按照工艺要求加热升温。

(2) 调速：开机空转，在转动时将转速调至 1500r/min。

(3) 加料及混合：将已称量好的 PVC 树脂及助剂按照一定的顺序加入高混机中，盖上釜盖，按启动按钮。

(4) 出料：到达所要求的混合时间后，马达停止转动，打开出料阀，点动按钮出料。

(5) 清理：待大部分物料已排出后，静止 5min，打开釜盖，将混合器内的余料全部扫入接料袋内。

4. 塑炼(塑化)

(1) 准备：将双辊塑炼机开机空转，试验紧急刹车装置，经检查无异常现象即可开始实验。

(2) 升温：打开升温系统，将前后两辊加热(温度根据 PVC 树脂以及配方设定)，用表面温度计测量辊筒温度，使辊筒温度稳定在设定的温度。

(3) 塑炼：将辊距调至 0.5~1mm 范围内，将混合料投入两辊缝隙中使其包辊，经过 5min 的翻炼，在塑炼过程中，用刀切开塑炼料，来观察其截面，如截面上不显毛糙，颜色和质量都很均匀即可完成塑炼操作。此时将辊距调至压片厚度为 1mm 左右即可出片。

5. 模压

(1) 准备工作：

① 平板硫化机加热升温到设定温度，温度根据 PVC 树脂以及配方设定，模具预热。

② 将经过塑炼的聚氯乙烯薄片按模框大小剪成多层片材，称重后在 100~

120℃的烘箱内预热 10min。

(2) 热压：将片材放入预热的模具内，模具置入平板硫化机主平板中央，10min 后开动设备加压，经 2~7 次卸压放气后，在工作压力下模压一定时间(按照配方设定)。

(3) 冷压：热压时间结束，迅速去掉平板间的压力，将模具取出，放冷板上，在油压为 10MPa 条件下冷压。

(4) 开模：模具温度降到软化温度以下，卸掉平板硫化机压力，取出模具用铜片开模具，取出制品并清理模具。

6. 制样条

按照要求制标准样条(见实验十八“利用制样机制备标准样条”)，进行相应的性能测试。

五、实验注意事项

(1) 高混机应空载启动正常运转后投放物料，需加增塑剂或其他助剂时应缓缓加入，不得突然倾入容器内，造成局部结快，使负荷突然增加损坏机器。

(2) 更换物料及颜色时，必须将容器内余料清扫干净。

(3) 填料量大时，需要分批加入高混机。

(4) 双辊开炼机及平板硫化机的温度必须控制严格。

(5) 双辊开炼机操作时必须严格按操作规程进行，防止将硬物落入辊间。

(6) 双辊开炼机及平板硫化机升温均需要一定的时间，应注意穿插进行。

(7) 实验过程长，涉及多种设备及模具，在实验过程中要发挥团队协作精神。

(8) 该实验需要实验前掌握实验原理及操作方法，并查找资料进行配方设计，了解相应的工艺步骤、实验用设备，并确定工艺条件(温度、压力和时间)。

六、思考题

(1) 分析聚氯乙烯树脂相对分子质量大小与产品性能及加工性能的关系。

(2) 分析配方中各个组分的作用。

(3) 如果在配方中加入 5~10 份氯化聚乙烯，将会对硬聚氯乙烯的性能有什么影响?

(4) 观察所模压硬板的表观质量，分析出现塌坑、气泡、开裂等现象的原因。

实验九　聚丙烯改性设计

一、实验目的

（1）了解高速混合机工作原理，并学会其操作方法。

（2）掌握双螺杆挤出机的基本工作原理，学习挤出机的操作方法。

（3）了解聚丙烯改性机理以及阻燃和增韧配方设计的原则。

二、实验原理

塑料是20世纪迅速发展起来的一种新材料，与其他材料相比，塑料材料具有重量轻、耐腐蚀、比强度高、电性能优异、容易加工等特点，因而塑料的应用在众多的材料中名列前茅，其应用领域已涉及国民经济的各个方面，例如农业、渔牧业及电气、机械仪表、汽车、航空航天、国防尖端、化工、建筑等工业部门。塑料替代多种其他的材料，如以塑代木材，以塑代钢，以塑代玻璃、陶瓷、石料等，其发展速度最快。然而随着塑料应用范围的不断扩展和深化，也对塑料提出了各种各样的要求，如：耐老化、阻燃、抗静电、降低成本、增强、增韧等。要开发一种全新结构的高分子化合物以满足这些要求，周期长、耗资巨大，而采用塑料改性则常常很容易实现。

塑料改性，即在普通树脂的基础上，通过物理、化学、机械等方式，经过填充、共混、增强等加工方法，改善塑料的性能或增加功能，使塑料的阻燃性、耐热性、拉伸强度、韧性等性能得到改善和提高。化学改性是指在树脂主链或侧链上发生化学反应，从而使塑料具有更好的性能或全新的功能，例如嵌段共聚、接枝共聚、交联或降解等。而物理改性是指在整个改性过程中不发生化学反应，仅仅依靠各组分本身的物理特性、力-形变特性、形态等的变化实现其性能的改善或获得新的功能。其中利用物理方式，经过填充、共混、增强、阻燃等方法的改性简单易行，效果明显。

填充改性是在塑料成型加工过程中加入无机填料或有机填料，提高塑料制品的某些性能，同时利用填料的增量而降低成本。如果添加玻璃纤维、碳纤维、金属纤维以及云母、硅灰石等具有特大长径比或径厚比的填料到树脂中，可以明显增加塑料的力学性能和耐热性能，这种具有增强效果的填充改性称为增强改性。共混改性是将性质不同的两种或两种以上的聚合物按适当比例在一定温度和剪切应力作用下进行掺混，形成具有新性能的材料。在塑料工程界，如果聚合物共混物都为塑料树脂，通常也称塑料合金或高分子合金。不同性质的高分子聚合物共混时会出现三种情况，即完全相容状态、部分相容状态和非相容分离状态。绝大多数高分子聚合物相互之间掺混时都是不相容的，呈现完全相分离状态。只有极少数的高分子聚合物在适当的温度下，通过混炼加工可以完全相容，但是完全相容并不能产生人们所预期的性能的改善。我们进行共混改性的目的是使不同性质的聚合物在一定温度和剪切应力以及加入适当相容剂的情况下形成部分相容，才能使共混物的性质达到预期的效果。另外，可以通过加入功能性助剂改善制品的功能性，例如阻燃剂改善产品的阻燃性、抗静电剂改善产品的电学性能等。

聚丙烯(PP)是一种性能优良的塑料，它的耐腐蚀性、耐折叠性和电绝缘性好，耐热性和机械强度优于聚乙烯，而且价格低廉，容易加工，故应用比较广。但是PP的抗冲击强度不够高，低温下发脆。为了提高它的韧性，常常将PP和橡胶弹性体共混，改善提高它的韧性。

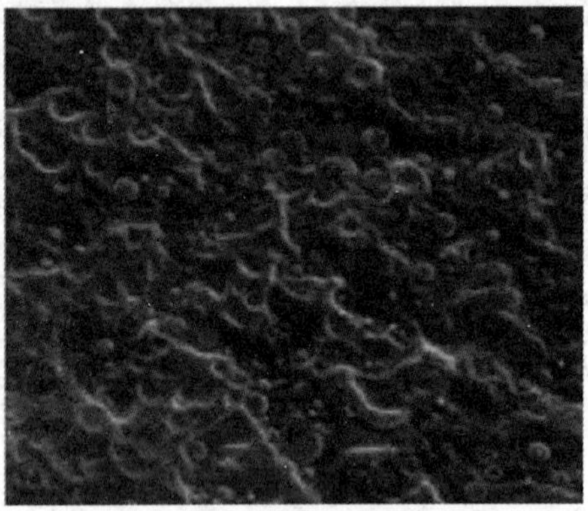

图9-1　橡胶增韧塑料的“海-岛”结构

橡胶增韧改性PP的增韧机理，是基于“银纹-剪切带”理论。橡胶增韧PP时，橡胶会以微小颗粒的形状均匀分布在PP基体中，并在PP连续相中形成橡胶分散相，形成典型的“海-岛”结构，如图9-1所示。橡胶分散相与PP连续相构成的“海-岛”结构可致使微小细粒状的橡胶在PP基体中分布均匀，并由此成为材料的受力集中点，在PP受到外力干扰时会产生大量的银纹和剪切带。伴随银纹在其周围的不断支化，外力而来的冲击能量因此会被吸收消耗。橡胶细小分散的微粒还可与诱导产生的剪切带发生阻滞、转向，并抑制银纹的更深层的发展演化，使PP的韧性获得实质性改善。

此外，橡胶的添加会干扰PP的结晶过程，致使PP球晶更加细化，与此同时也可诱导PP异相成核，更有助于提高制品韧性。

同其他有机高分子材料一样，PP容易燃烧，对其进行阻燃改性最常用、最简单的方法是添加阻燃剂。阻燃剂的种类很多，例如有机类的磷酸酯、含卤磷酸酯、有机卤化物等，无机类的三氧化二锑、氢氧化镁、氢氧化铝以及其他金属化合物。阻燃剂通过若干机理发挥其阻燃作用，如吸热作用、覆盖作用、抑制链反应、不燃气体的窒息作用等。多数阻燃剂是通过若干机理共同作用达到阻燃目的。

在众多的阻燃剂中，无卤阻燃剂具有安全、抑烟、无毒和价廉等优点，在阻燃聚烯烃中具有重要地位，主要有磷系、氮系、硅系、膨胀系阻燃剂和金属氧化物的水合物等。

金属氧化物的水合物，例如氢氧化镁、氢氧化铝的阻燃机理，是在高温下通过分解吸收大量的热量，生成的水蒸气可以稀释空气中氧的浓度，从而延缓聚合物的热降解速度，减慢或抑制火对聚合物的燃烧，促进炭化、抑制烟雾的形成。但是氢氧化镁、氢氧化铝这类阻燃填料一般需要添加50%以上才能有较明显的阻燃效果，如此大的添加量会使树脂体系的黏度增大，造成加工困难，产品的韧性降低，断裂伸长率减小。为解决这些问题，可以采用诸如硅烷偶联剂、钛酸酯类偶联剂等处理阻燃剂氢氧化镁、氢氧化铝的表面，使其与树脂基体之间形成一定强度的界面，并通过设备的作用将阻燃剂在聚合物基体中分散均匀。利用这类阻燃剂对聚合物阻燃改性一般涉及以下三个方面的问题：

1）阻燃填料的粒径

从理论上讲，某种填料与基体树脂的质量比一定时，其填料的粒径越小，填充改性材料的力学性能越好，也就是说，一方面对所预期的改性效果越有利，另一方面所用填料不可避免地使某些性能的下降幅度越小。因此填料粒径大小的确定需要考虑综合因素。

2）阻燃填料的表面处理

在填充改性过程中，为了使填充材料达到预期的性能目标，往往对填料先进行表面处理，增加填料与基体树脂的亲和性，形成一定的界面。填料与基体树脂之间的界面状态主要影响最终产品的力学性能。例如填料与基体高分子聚合物之间的界面需要一定的粘接强度，但并不是粘接强度越高越好，过高的粘接强度将导致层间剪切强度增高，会使填充材料的冲击韧性显著下降。填料与聚合物之间的界面应当通过具有化学、物理、力等作用的过渡层发展到主动设计其界面结构状态，并运用加工工艺加以实现。

3）混合与混炼设备及工艺

填充改性的效果好坏在很大程度上取决于混合与混炼设备及工艺。填料的干燥、表面处理、填料与其他助剂和基体树脂的初步混合通常是在高速混合机中进行的，温度一般在树脂流动温度以下，剪切力不大。混炼通常是在树脂的流动温度以上，体系的不同组分在受到剪切力和挤压力情况下的混合过程。混炼可以使用开炼机和密炼机，这些设备体积庞大、能耗高，属于间歇操作，质量不稳定，操作环境比较差，比较适合实验室或者小批量间歇生产。目前采用双螺杆挤出机进行物料混炼的比较多，该设备操作灵活，混炼塑化效果好，产品性能均一，物料正向输送能力大，产量高，自动化程度高。双螺杆挤出机的螺杆是由螺纹套和捏合盘元件，以搭积木的形式组合而成，根据混炼的目的和材料的种类可任意调整组合元件的排列和加工工艺参数来满足产品的性能要求。而且由于两根螺杆相互啮合，特别是同向旋转的双螺杆挤出机，自洁效果好，避免了树脂对螺杆的粘附和停滞，减少了物料的分解炭化现象，因而得到了普遍的应用。

本实验是通过在聚丙烯中加入弹性体改善聚丙烯的韧性、加入阻燃剂提高阻燃性能。

三、实验设备和原料

1. 实验设备

SHJ-30 型同向双螺杆挤出机机组(见实验二)、YX3-100L1-4 型高速混合机(见实验八)、JPH-80 四缸全液压注射机(见实验一)。

2. 原料

聚丙烯、聚烯烃弹性体、高密度聚乙烯、低密度聚乙烯、阻燃剂(氢氧化镁、十溴联苯醚、三氧化二锑)、抗氧剂 1010、滑石粉、碳酸钙、偶联剂(铝酸酯类、硅烷类、铝钛复合等偶联剂)等。

四、实验步骤

(1) 按照实验前确定的配方进行计算并称量，每个配方的总质量至少保证 500~700g 左右。

(2) 启动高混机和挤出机的温控系统，按工艺要求将各段温控仪表设定在规定温度值，打开电源开关，开始加热。注意双螺杆挤出机各段加热温度均达到设定值后，需要继续恒温 30min，使机筒内外温度均匀。

(3) 利用高速混合机进行填料的活化以及组分的混合等，混合完毕后出料备用。

(4) 挤出机挤出造粒，见实验二，工艺参数按照配方调整。

(5) 粒料干燥后采用注射机注射标准样条，放置 24h 待测(注射机的操作见实验一)。

五、注意事项

(1) 配料时称量必须准确，高混机的温度必须控制严格，其操作按规程进行。

(2) 双螺杆挤出机属于大型设备，严格按照操作规程，必须在教师指导下操作。

① 螺杆只允许低速情况下(≤20r/min)启动，空转时间不超过 2min，喂料后待机头模孔出料，才能逐渐提高螺杆转速。

② 螺杆转动时，严禁使用金属棒从开口筒体清理物料。

③ 每次开机必须遵循有关温控操作规定执行，尤其要注意每次开机必须待挤出机系统进入热平衡之后，且机头内物料已熔化，并从出料口溢出，方可启动主机。

④ 挤出机自动停机，找出原因才能再次启动设备。切忌不明原因再次开机，造成螺杆的扭曲变形。

⑤ 挤出机转速进行调节时，切勿操之过急，增速过猛，以免对主机造成损坏。

⑥ 挤出机具有联锁保护，开机时请遵循下述次序：先启动润滑泵电机，再启动主机，后启动喂料电机和其他辅助设备。

⑦ 工作中应随时注意观察主机、喂料机转速及主机电流，要严格控制主机电流不应超过额定值要求。一般主机应工作在额定电流的 80%为宜。

⑧ 挤出机停机的操作：

a. 将喂料机转速调至“零位”再按下停车按钮，切断喂料机电源。

b. 逐渐降低主螺杆转速至 20~30r/min，在低速下排尽机筒内物料。

c. 停掉各加热器电源，切断温控柜电源。

d. 润滑泵、水泵、切料机、风干机停车。

e. 关闭真空系统阀门，真空泵停车。

f. 关闭水槽、冷却站、真空泵、进料筒体等冷却水阀门。

g. 清理机头模面、抽气室残存物料。

h. 清扫整个机组和生产线场地，保持清洁。

六、预习要求

（1）了解高混机以及双螺杆挤出机结构及操作方法。

（2）查找资料进行配方设计，每个小组至少设计三个 PP 增韧配方和三个 PP 阻燃配方，也可以按照正交设计表（见实验八）自行设计，并通过查资料确定工艺步骤以及工艺条件（温度、压力和时间）。

（3）确定测定的性能（如冲击强度、拉伸强度、硬度、氧指数等，见本书第五部分）以及了解测试的标准。

七、实验数据记录

实验中待工艺稳定后，记录以下工艺参数：高混机的混合时间、转速、温度；双螺杆挤出机机筒的各段温度、熔体压力、双螺杆的转速、喂料装置螺杆的转速，同时应注意观察熔体的出模膨胀现象及在冷却水槽中的冷拉定向现象；注射机的机筒温度、喷嘴温度、注射压力以及冷却时间、保压时间等。

八、思考题

(1) 共混改性的目的是什么？

(2) 用同向旋转双螺杆挤出机制备聚丙烯混合粒料，影响其共混效果的因素有哪些？如何控制？

(3) 试描述物料在同向旋转啮合型双螺杆挤出机中的流动行为？

实验十　异戊橡胶配方设计与工艺

异戊橡胶(IR)是顺式-1,4-聚异戊二烯橡胶的简称。它是异戊二烯单体定向聚合的高分子弹性体，是一种通用型的橡胶。IR 与天然橡胶(NR)有着相似的化学组成、立体结构、力学性能，也称为合成天然橡胶。IR 可以部分替代或全部替代 NR 生产输送管、胶管、胶带、电线电缆等产品，也是替代 NR 制造轮胎的重要原材料。由于 IR 是合成的，有很多可控的因素，比 NR 质量会更好，纯度会更高。但是 IR 单体来源难度大，因此生产成本高。

一、实验目的

(1) 掌握异戊橡胶配方设计的原则和方法。

(2) 掌握异戊橡胶的塑炼、混炼和硫化工艺过程。

(3) 了解开炼机和平板硫化机的使用和操作方法。

二、实验原理

橡胶配方，分为基础配方、性能配方和实用配方(生产配方)。

基础配方又称标准配方，一般是以生胶和配合剂的鉴定为目的，配方应尽可能简化，重现性较好。其设计的原则主要是采用传统的配合量，以便对比。基础配方仅包括最基本的组分，由这些基本的组分组成的胶料，既可反映出胶料的基本工艺性能，又可反映硫化胶的基本物理性能。不同部门的基础配方往往不同，但同一胶种的基础配方基本上大同小异。在设计基础配方时，美国材料实验协会(ASTM)规定的标准配方和合成橡胶厂提出的基础配方是很有参考价值的。

性能配方又称技术配方，是为达到某种性能要求而设计的配方，其目的是为了满足产品的性能要求和工艺要求、提高某种特性等。性能配方应在基础配方的基础上全面考虑各种性能的搭配，以满足制品使用条件的要求为准。常规表示为：以橡胶为 100 份，对应的各种配合剂份数。这是我们常用的一种表示方法，它不仅包含了材料配比，同时可能达到的技术水平和工艺条件也包括在里面。

实用配方又称生产配方，是为制造某一具体制品及满足具体生产工艺而设计的配方，主要是根据加工设备的容量换算的生产使用配方。

橡胶配方设计的原则如下：①保证硫化胶具有指定的技术性能；②在胶料和产品制造过程中加工工艺性能良好，产品产量高；③成本低、价格便宜；④所用的生胶及各种原材料容易得到；⑤劳动生产率高，在加工过程中能耗少；⑥符合环保要求等。

该实验为IR的性能配方设计以及工艺，与大部分橡胶相似，IR的配方中也包含如下体系：

1. 硫化体系

硫化体系包括硫化剂、硫化促进剂、硫化活性剂。硫化剂一般用硫黄，硫化促进剂一般为噻唑类、秋兰姆类，活性剂为ZnO和硬脂酸。硫黄体系的硫化有常硫体系、有效硫化体系和半有效硫化体系，主要以硫黄和促进剂的用量来区分。从综合性能角度考虑，目前除了子午胎分胶料外，大多数配方均采用半有效硫化体系。半有效硫化体系的硫化促进剂配合量介于有效硫化体系和常硫体系之间，性能亦然。IR一般也采用硫黄作为硫化剂，配以噻唑类、秋兰姆类等促进剂，氧化锌、硬脂酸活性剂组成硫化体系。需要注意的是，IR的硫化速度比NR稍慢，主要原因是IR中没有对硫化起到活化作用的脂肪酸蛋白质等物质，因此配方中可以适当增加促进剂的用量，一般为10%~20%，而且最好采用两种促进剂并用。

2. 补强填充体系

在某些橡胶产品中，胶料需有良好的耐磨性能，同时亦需有较低的成本及良好的工艺性能，故多采用添加补强填充剂硬质炭黑，如高耐磨炭黑(HAF)、中超耐磨炭黑(ISAF)和超耐磨炭黑(SAF)。

由于SAF不易分散均匀而多采用ISAF。炭黑的品种与用量对橡胶的定伸强度、耐磨性和硬度影响较大。NR的补强填充剂均适合IR，最常用的炭黑，填充量可以达到30~50份；其次是白炭黑，需要注意的是，加入白炭黑的IR可能会产生粘辊现象，也会导致产品硬度增大。IR透明的配方中常常采用碳酸镁与水合硅酸盐并用。

3. 防老体系

由于大多数胶料需要添加炭黑，因此采用防护能力强的胺类防老剂。一般采用并用的方法以求产生协同效益，达到良好的防护效果。防老剂一般为总用量的3份左右，可以按照1.5∶1.5两种或1∶1∶1三种并用。但是胺类防老剂一般有污染性，不宜用于白色制品。由于IR是双烯烃化合物，没有NR中的非橡胶烃物质，因此耐老化性能差，采用对苯二胺，例如4010、4010NA效果最好，浅色制品可以选择酚类防老剂。通用防老剂也适用于IR。

4. 增塑体系

常用的增塑体系有松焦油、三线油、无线油、填充油、高芳油，多以主体橡胶胶种而定。一般天然胶体系，多用松焦油；并用30份以上合成胶采用三线油、六线油或操作油。其原则主要以胶种主体的相容性为前提，一般用松焦油，软化效果良好，自粘和加工性能良好，但耐老化性能差于其他油类。油的用量一般以每 10 份炭黑(指硬质炭黑)加油 0.5~1 份，可根据要求适当增减。IR 的增塑体系与 NR 基本相同，需要注意的是，IR 的增塑体系添加量需要小于 NR，否则表观黏度下降，造成成型性能差。IR 的增塑体系主要采用松焦油、三线油，也可以采用松香、古马隆树脂和石蜡。

5. 其他体系

在实际橡胶制品生产中，一般夏天需加入防焦剂，防止焦烧；为提高加工安全性，降低能耗加入均匀剂。

配方主要根据性能指标的要求而设计，且需要合适的工艺和技术配合，才能满足最终要求。在橡胶的加工工艺中，塑炼、混炼、硫化是橡胶制品制造中的三个基本工序，是直接影响橡胶制品的性能的关键。

IR 俗称合成天然橡胶，因此它的塑炼、混炼和硫化与天然橡胶类似，见实验六。

三、实验设备和原料

1. 实验设备

开炼机(见实验六)、平板硫化机(见实验六)、可塑度仪、测厚仪、哑铃形裁刀、橡胶力学性能测试仪器。

2. 原料

聚异戊二烯以及各种配合剂。

四、实验步骤

1. 配方设计

查资料，按照产品性能目标进行 IR 配方设计。配方设计方法可以采用正交设计，实验参考的原料、性能指标见表 10-1。

表 10-1　IR 配方原料、性能参考

	原料及配合剂								既定目标的性能			
	IR	硫黄	促进剂	氧化锌	硬脂酸	炭黑	防老剂	…	可塑度	强度	伸长率	…
1												
2												
3												
…												

2. 生胶塑炼

IR 的塑炼一般采用普通的开炼机或密炼机。实验室常采用开炼机，塑炼的时候也可以加入塑解剂，调整前后辊筒温度，保持温差 5~10℃，可以使胶料包在前辊。

（1）按照配方设定开炼机的前后辊温度。IR 的塑炼温度比 NR 的高 5℃左右，一般为 50~60℃。

（2）确定塑炼段数：根据工艺对可塑度要求，以所塑炼的胶料的数量来确定是否分段塑炼，实验室的用胶量比较少，所以一般采用一段塑炼。

（3）确定投胶量：以天然胶为基准并考虑到合成塑炼时生热较大，装胶容量比天然胶少 20%来确定投胶量。实验室用开炼机一般为 XK-160，IR 的装胶容量不超过 0.5kg。

（4）塑炼：

① 辊筒温度的控制及测量：开机空转并打开加热装置对辊筒加热，当辊筒已热时，用表面温度计对辊筒表面温度进行测量。

② 薄通：将辊距调到 0.5mm，挡胶板距 200mm，辊温调至 45℃，把胶片加入辊筒使之通过辊筒间隙，让胶片直接落入接料盘里。当辊筒上无堆积胶时，将盘内胶片扭转 90°重新投入辊筒间隙内，继续薄通直到所规定的次数或时间，这时再测量一次辊筒温度，并进行记录。

③ 捣胶：将辊距放宽为 1mm，使胶料包辊后，从左向右割刀至近边再向下割，使胶落在接料盘上，至堆积胶将消失时停止割刀，则割落胶随着辊筒上的余胶带入辊筒右方。然后再从右向左同样割落，反复进行多次后割断打成卷。

④ 压光(下片)：将辊距放宽到 10mm，将上胶卷垂直辊缝通过 3 次后在胶片涂上隔离剂，注明胶种、时间及序号等，放在通风处冷却。

（5）测可塑度：在室温下放置 4h 以上的塑胶片，测试胶片的可塑度。

3. 混炼

IR 的混炼与 NR 相近，但是不同品种的 IR 混炼效果有差异。如果采用开炼机混炼，辊温可以设定为 50~70℃，在混炼初期胶料未充分软化时加入硫黄。由于配合剂容易混入，可以缩短混炼时间。混炼时注意：混炼不要过度，低顺式 IR 混炼后辊温度高于前辊，尽量在混炼初期加入硫黄以保证产品的透明性，加入填充剂发生滞流时，不得割刀，避免胶料脱辊。

（1）辊筒需要预热升温，一般天然胶：前辊 55~60℃，后辊 50~60℃；合成胶：前辊温度低于后辊温度，而且均比天然胶辊温低 5~10℃方可开始混炼。一定时间后，用表面温度计测量辊筒温度，在辊温稳定条件下进行混炼。

（2）按照给定的配方称量各种原材料，放入配料盘中(按加料顺序排列)并与配方进行校对(名称、规格、数量)。

（3）混炼操作可分三段：即包辊、吃粉和混炼，见实验六。混炼后进行称量，纯胶配方最大损耗为总量的0.3%，一般胶料最大损耗为总量的0.6%，超过规定损耗量的胶料则应报废，重新进行配炼。

（4）按试样要求进行胶料下片，下片后注明实验条件以及序号，在室温下冷却停放8h以上进行测试，硫化。

4. 硫化

IR的基本性能与NR相近，在配方相同的条件下，可以采用与NR相同的硫化条件。硫化采用平板硫化机。

（1）按照设定的温度调节平板硫化机的模板的调温系统，将所用的模具在硫化温度下预热30min左右(内腔表面涂少量脱模剂或不涂)。

（2）工作液压力的计算和调节。硫化机工作时，由油泵提供的压力除保证硫化压力外，还需克服硫化可动部分(柱塞、平板及模具)的重力及摩擦阻力。即：

$$p_1 \times S_1 > p_2 \times S_2 + G + f$$

$$p_1 > (p_2 \times S_2 + G + f) / S_1$$

式中 p_1——油泵提供给柱塞面上的压力，MPa；

p_2——硫化制品要求受到的压力，MPa；

S_1——柱塞面积，mm^2；

S_2——硫化制品或模具的受压面积，mm^2；

G——硫化机可动部分的重力，N；

f——摩擦阻力，N。

根据上式计算p_2，即工作液压力，也就是硫化时压力指示的压力。工作液压的大小可由压力调节阀调节，如果压力表指示压力与所需值不同时，可进行调节。

（3）按照实验六裁剪未硫化半成品试样，呈板状或条状试样、圆柱试样或圆形试样，检查核对编号，符合硫化条件的胶料毛坯试样投入预热的模腔内，立即合模，放入平板中央，加压。当压力表指示到所需的工作压力时，开始计算硫化时间并加以记录，在硫化到达预计时间的前10~15s时，去掉平板间压力立即进行启模。

（4）硫化后出模的试样去掉飞边，在室温下存放6h后测试。

5. 制样及测试

橡胶样条可以采用裁刀利用冲片机制备，并按照相应的标准对要求的性能进行测试。

五、注意事项

（1）配料时称量必须准确。

(2) 过度塑炼和过长的混炼时间将影响各项物理机械性能，严格按照时间进行。

(3) 为了保证在最短的混炼时间把配合剂分散均匀而不影响性能，需要严格按照合理的加料顺序加料。

(4) 操作开炼机以及平板硫化机注意防止烫伤以及辊筒的挤压，严格按照操作规程进行。

六、实验记录

(1) 记录塑炼过程的实际工艺条件。

(2) 将塑炼的胶料的可塑度与本组其他同学所测得的胶料可塑度相比较，如有差别分析原因。

七、思考题

(1) 查找资料，从结构、性能、配方以及工艺等方面比较异戊橡胶与天然胶的异同。

(2) 异戊橡胶的塑炼混炼以及硫化需要注意哪些问题？

第三部分　综合实验

不同于单个的、孤立的实验，综合实验是将聚合物的合成、分子结构表征、加工成型、产品性能测试等系统完整结合起来。通过这个部分的实验可以初步掌握高分子材料生产技术，加强学生动手操作能力和独立分析问题、解决问题的能力培养。综合实验引导学生综合运用所学知识来完成实验，要学生自己真正去体验“做”的过程以及“做”的乐趣，享受操作过程、体验实验成果。本部分的综合实验主要以酚醛树脂、环氧树脂、聚氨酯等为主线进行的实际操作。

实验十一　酚醛树脂的模压成型

一、实验目的

（1）了解热固性塑料的生产方法，掌握酚醛树脂模压成型的工艺。

（2）掌握生产酚醛压缩粉的基本配方，并了解配方中各种组分的作用。

（3）掌握实验室制备热固性塑料模压成型的操作过程，熟悉模压成型设备和模具。

二、实验原理

热固性树脂固化前是线型或带支链的，固化后分子链之间形成化学键，成为三维的网状结构，不仅不能再熔融，在溶剂中也不能溶解。常用的热固性树脂品种有酚醛树脂、脲醛树脂、三聚氰胺树脂、不饱和聚酯树脂、环氧树脂、有机硅树脂、聚氨酯等。热固性树脂主要用于隔热、耐磨、绝缘、耐高压电等在恶劣环境中使用的塑料，例如常用的炒锅把手和高低压电器。

酚醛树脂(PF)是指酚和醛缩聚所得树脂，其中苯酚和甲醛的缩聚物是最重要的一种。其合成根据催化剂类型、苯酚和甲醛配比，一般分为两类：一类为热塑性酚醛树脂，合成条件是酸性催化剂，苯酚过量，也称酸法PF。热塑性酚醛树脂单纯受热不会成为网状结构，需要添加固化剂(交联剂)，加热发生反应变成网状结构。另外一类为热固性酚醛树脂，合成条件是碱性催化剂，甲醛过量缩聚制得，又称碱法 PF。热固性酚醛树脂单纯受热就可以因为大分子链中的反应活点而进行交联，从熔融溶解的甲级阶段，到部分熔融部分溶解的乙级阶段，最后到不熔融不溶解的丙级阶段，完成交联反应。

热塑性 PF 反应原理如下：

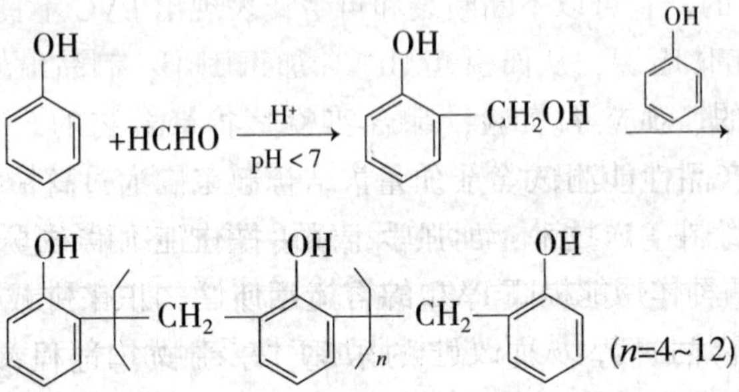

缩聚反应制得的热塑性 PF 为线型的，需要加入交联剂或其他助剂制成酚醛塑料(压缩粉)粉，以备成型使用。交联固化剂一般采用六亚甲基四胺，其反应如下：

$$(CH_2)_6N_4 \xrightarrow[\triangle]{H_2O} CH_2O + NH_3\uparrow$$

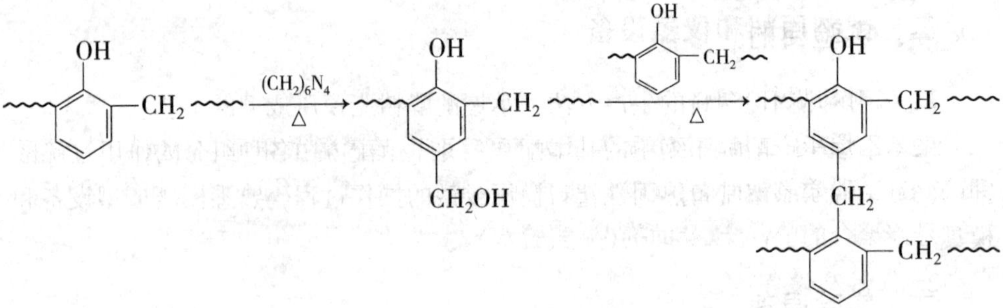

由于热固性树脂的特点，其成型加工不同于热塑性材料，加工过程中主要发生化学变化，同时也有物理变化。所采用的加工方法也有差异，热固性塑料的加工方法主要有压制成型、传递模塑、注射模塑等。经常采用的成型方法是压制成型，压制成型根据材料的性质和加工成型工艺的特点又可分为模压成型和层压成型。模压成型又称压缩模塑，是塑料成型加工技术中历史最久，也是热固性塑料比较重要的成型方法之一。

模压成型是将粉状、粒状、碎屑状或纤维状的塑料放入加热的模具后，闭模施压，借助加热和压力作用下使物料熔融成可塑性流体充满模腔，形成与模腔形状一样的模制品，再经加热(热固性树脂利用带活性基团的树脂或者交联剂使其进一步发生交联反应)固化或冷却(对热塑性塑料采用介质冷却)硬化。经过一段时间的保压固化、脱模后即得模压制品。

对于热塑性塑料由于模具交替加热和冷却，生产周期长，生产率较低，同时易损坏模具，故生产中很少采用该方法生产，但是对于成型面积比较大的热塑性塑料可以采用此方法。用模压法加工的塑料主要有酚醛塑料、氨基塑料、环氧树脂、有机硅、硬聚氯乙烯、聚三氟氯乙烯、氯乙烯—醋酸乙烯共聚物、聚酰亚胺等。

与注射成型相比，模压成型的优点是生产过程控制容易，使用的设备和模具投资少，工艺简单，易操作，较易成型大型制品，成型中成型材料取向程度小，制品性能在各个方向上较均匀，制品无流道及浇口，材料浪费少，可以适用的成型材料较多，可成型带有碎屑状、片状及纤维状填料的制品等。缺点是模压成型的物料只能靠模具传给的热量进行交联反应，因此，压缩模塑固化时间长，生产效率低。加压方向的制品尺寸取决于坯料量的准确性，因而精度不高。在模具的合模面处，制品易产生飞边，需人工修整。对于形状复杂及带有嵌件的制品，模具结构复杂，甚至难以成型。由于成型材料需预处理，生产难以实现自动化。

热固性塑料在模压成型工艺中，影响产品质量、产量的主要技术参数有温度、压力以及压力作用下的时间。

1. 模压温度

模压温度是指模压时规定的模具温度，它并不总等于模腔中各处物料的温度。而对于热固性塑料，由于在模压过程中会因发生固化反应放出热量，模腔中某些部位，如中心部位的温度，有时能高于模具温度。中心部位和边缘开始固化时间不同，边缘快、中心慢，因此使制品表面残余压应力中心带有残余张应力。而热塑性塑料也会出现这种情况，原因是冷却硬化不均匀。

如图 11-1 所示，模压温度越高，模压周期也就越短。同时设定模压温度还应考虑成型材料的形态、预热情况、成型物料的固化反应特性、制品的厚度以及型腔中各部位物料的温度均匀程度等。需要注意的是，温度在物料中要尽量均匀，否则会造成物料固化速度及固化程度不均匀，最终导致制品产生内应力，影响制品的因次稳定性及物理机械性，同时也会造成制品表面过熟而中心欠熟的现象。另外温度过高甚至会引起制品表层材料的降解。

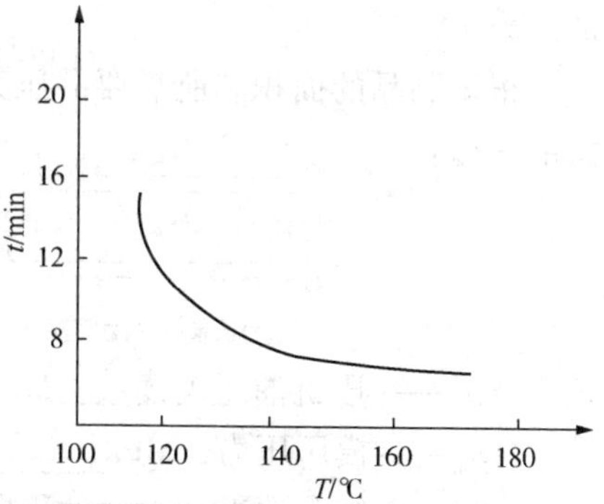

图 11-1　酚醛模塑料模压温度和模压周期的关系

模压温度的确定主要按照以下原则：首先，成型前经过预压和预热过的物料在成型时可采用较高的模压温度，但是以不致引起温度分布的过分不均匀为度；其次，如果制品厚度较大，传热距离增大时(大制件)，应适当降低模具温度；最后，成型材料的固化反应特性不同，宜选用的模压温度也不同。

实际生产中，具体制件的最佳模压温度是以原材料生产厂提供的标准试样的模压温度范围为依据，再经模塑实验确定的。如表11-1所示为酚醛树脂的模压温度参考值。

表11-1　酚醛树脂的模压成型工艺条件

试样类型	预热条件		模压条件		
	温度/℃	时间/min	温度/℃	压力/MPa	时间/min
电气(D)	135~150	6~3	160~165	25~35	6~8
绝缘V165	150~160	6~10	150~160	25~35	6~10
绝缘V1501	140~160	4~8	155~165	25~35	6~10
高频(P)	150~160	5~10	160~170	40~50	8~10
高电压(Y)	155~165	4~10	165~175	40~50	10~20
耐酸(S)	120~130	4~6	150~160	25~35	6~10
耐热(H)	120~150	4~8	155~165	25~35	6~10
冲击J1503	125~135	4~8	165~175	25~35	6~10
冲击J8603	135~150	4~8	165~175	25~35	6~10

2. 模压压力

模压压力是指模压时为了使塑料充满型腔和进行固化而由液压机对塑料所加的压力。

根据制品的面积和所需要的压力算出模压的总压力，并按照下面公式计算压机的表压：

$$p_B = \frac{p_m \times A}{\frac{\pi}{4} D^2}$$

式中　p_B——压机油压表读数，MPa；

p_m——模压压力，MPa；

A——制品在受力方向的投影面积，cm^2；

D——主压柱活塞直径，cm。

通常，实际生产中所采用的模压压力比计算高20%~30%。

模压压力除可以使熔融物料充满模具型腔，压实物料使制品获得必要的密度外，还可以克服热固性塑料模塑过程中发生固化反应放出的小分子物质挥发、气体逸散以及物料热膨胀等因素造成的负压力，使小分子物质及气体及时排出，以避免制品起泡和在其内部残存太多气孔。同时使模具紧密闭合，从而使制品具有固定的尺寸、形状和最小毛边，并防止制品在冷却时发生形变。

模压压力选择时要注意以下几个问题：

（1）考虑原料的性质和制品形状。塑料在模压温度下流动性越差，压缩率越大，固化速度越高，制品的形状结构越复杂，成型深度越大，所需的模压压力也应越大。

（2）考虑原料是否预热。一般原料预热以及提高模压温度均有利于降低模压压力。在一定温度区域内，预热温度越高，所需的模压压力越低，但当预热温度超过一定值后，预热将主要导致物料交联，流动性降低。因此，在此温度范围内，预热温度越高，所需的模压压力反而会增大。预热的理想温度所对应的是一个温度范围。

根据公式计算得到的模压压力是一个确定的数值，但需要注意的是，物料实际受到的模压压力往往是随时间变化的，模压压力的变化规律与成型采用的塑模类型有关。

3. 模压时间

模压时间特指从热固性塑料熔融体充满型腔到固化定型所需的时间，它在模压周期中占有较大比例，直接影响模压周期的长短。一般提高模压温度能够缩短模压时间，而成型前预热物料也可以缩短模压时间。但是成型制品的壁越厚，在相同模压温度条件下，所需要的模压时间越长。

三、实验仪器设备和原料

1. 实验仪器和设备

三口烧瓶、温度计、直管冷凝器、电动搅拌器、水浴锅、电炉、烘箱、电热板、研钵、S(X)K-160 双辊开炼机、YX3-100L1-4 型高速加热混合机、平板硫化机或塑料液压机(见实验六)、压缩模具(简称压模，一般使用的模具为标准拉伸样条模具、标准弯曲样条模具和圆片模具)、天平等。

2. 实验原料

苯酚、甲醛、盐酸、六亚甲基四胺、木粉或石棉、氧化镁(MgO)、硬脂酸钙($CaSt$)、颜料等。

四、实验步骤

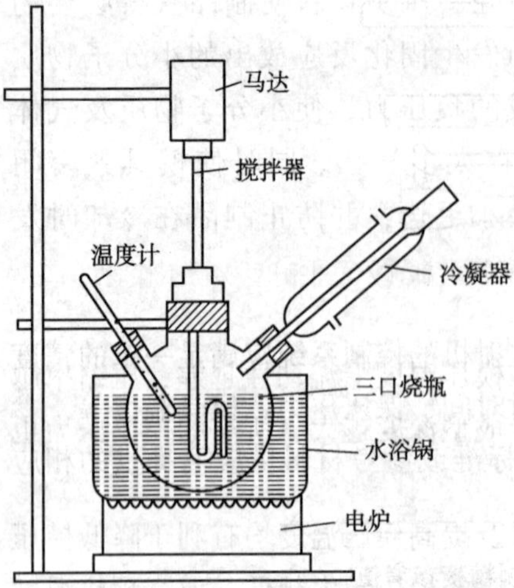

图 11-2　酚醛树脂制备仪器安装示意

1. 酚醛树脂的制备

按照图 11-2 安装仪器。

(1) 将苯酚及甲醛放入三口瓶中混合，然后加入 1mol/L 的盐酸调节 pH = 1.6 ~ 2，加热，达到 65 ~ 70℃ 停止加热，自动升温至沸腾温度 98℃，冷凝器出现回流，记录反应时间以及现象。

(2) 当出现浑浊以及黏度变化(如果沸腾 20min 后仍然没有浑浊，可以再滴入少许的盐酸)，反应至停止搅拌后混合物出现明显的分层(水层和树脂层)为止，时间大约 1 ~ 1.5h。

(3) 反应结束，倒出上层水，将树脂层倒入蒸发皿并放入烘箱脱水干燥，干燥温度在 120 ~ 130℃ 左右，树脂变成褐色透明状趁热放入铁盘后打碎备用。

2. 酚醛模塑粉制备

(1) 按照配方(实验前查找或按照表 11-2 的参考配方)称量物料。

表 11-2　酚醛模塑粉参考配方　　质量份

酚醛树脂	木粉	六亚甲基四胺	硬脂酸钙	氧化镁	着色剂
100	120	20	3	4	适量

木粉可以用石棉替代，配方可自行调整。

(2) 制备酚醛模塑粉。本实验酚醛模塑粉采用干法制备，主要的设备为高速加热混合机和双辊开炼机。

将称量好的树脂以及助剂在高速混合机中进行混合后，加入双辊开炼机混炼(开炼机温度和时间需要控制好，一般后辊温度低于前辊 5 ~ 10℃，双辊开炼机前辊温度 90 ~ 95℃，反复辊压 5 ~ 10min，如果混炼温度 100 ~ 150℃，时间可以缩短为 3 ~ 4min)。树脂加热熔融，并在开炼机剪切力的作用下，与填料、固化剂等充分混合，酚醛树脂进一步发生缩聚反应，部分达到乙级阶段。当混合物内部呈现光泽，从辊上拉出连续的树脂片，树脂片经过冷却、粉碎、过筛，待用。

3. 酚醛模塑粉工艺性能测定

(1) 表观密度的测定。

(2) 拉西格流动性的测定。

（3）水分和挥发物的测定。

4. 模压成型

（1）表 11-1 为酚醛树脂不同试样模压成型参考工艺条件，此外要根据模塑粉的工艺性能、压缩模具形状、大小以及制品的性能最终确定工艺参数。按照确定模压工艺参数，将液压机升温到相应温度，把压缩模具放入其中预热。

一般添加木粉的制品，成型压力 25MPa，添加石棉长纤维的压力可以达到 40~60MPa。

（2）压模预热到一定温度后可以先清洁模腔并涂少许的脱模剂。把事先计算并称量的酚醛模塑粉加入模腔，堆成中间稍高的形状，迅速合模。将压模放入压机内并施加压力，升到成型温度后保持 1min，可以在 1min 内做 1~3 次排气，再施加压力并保压 4~5min，取出压模，并趁热开模脱出制品。

本实验模压酚醛树脂，改变的工艺参数范围参考如下：一般压制温度 50~180℃，可以按照预热温度 130℃，改变成型温度分别为 140℃、160℃和 175℃进行；压制时间 5~15min。

5. 酚醛树脂制品性能测试

不同配方、不同工艺条件的制品，可以通过性能测试进行比较。性能测试主要为耐热性、吸水性、拉伸强度、冲击强度、弯曲强度、电性能等。

五、实验结果

实验结果列入表 11-3。表中可以根据不同实验室的实验条件加入性能测试的项目。根据表中实验工艺条件以及性能测试的数据进行分析。

表 11-3 实验记录

试样编号	模压温度/℃	模压压力/MPa	模压时间/min	吸水率/%	耐热性/℃	现象
1						
2						
3						
…						

六、注意事项

（1）开炼机以及平板硫化机操作时必须戴手套，防止烫伤。

（2）操作过程中装模要快、准，涂脱模剂要薄且均匀。

（3）严格控制温度、压力和时间，特别是模具的上下板，尽量保持一致，不要有太大的波动。

七、思考题

(1) 模压工艺条件的改变如何影响模压产品性能?
(2) 热固性塑料和热塑性塑料模压成型有何差别?
(3) 试述酚醛树脂从合成到成型期间分子结构的变化以及对性能的影响。

实验十二 环氧树脂胶黏剂的制备、表征与性能测试

环氧树脂是泛指分子中含有两个或两个以上环氧基团的有机低分子化合物。在与交联剂反应前，它是脆性很大的热塑性化合物，基本没有强度和性能，不能单独作为一种材料使用。只有加入能与其分子结构中活泼环氧基团反应的化合物，使它们可与多种类型的固化剂发生交联反应而形成不溶、不熔的具有三维网状结构的聚合物。

环氧树脂胶黏剂俗称“万能胶”，它对各种金属材料和多种非金属材料，如铝、钢、铜、木材、玻璃、混凝土、热固性材料如酚醛树脂等具有优良的粘结性能；但对非极性材料，例如聚乙烯、聚丙烯等的粘结性能不好。作为胶黏剂使用时，环氧树脂必须与特定量的固化剂分子发生化学交联反应，生成大分子网络结构。

一、实验目的

（1）了解环氧树脂的固化反应原理，能够制定热固性环氧树脂的成型工艺。

（2）能够设计有机胺类环氧树脂固化剂的结构，选择合适的物理、化学方法对其改性。

（3）能选用恰当的测试仪器，设计产物的表征方法，按照相关标准正确测定环氧树脂胶黏剂的拉伸剪切强度。

二、实验原理

用于环氧树脂的固化剂的种类有很多，如脂肪族多元胺、芳香族多元胺，以及各种有机胺的改性物(加成物)、多官能有机酸及酸酐、含活性基团的树脂(如聚酰胺、酚醛树脂)等。

固化剂的种类与它含有的特征官能团相关，不同种类的环氧固化剂在固化环氧树脂时的反应机理不同。本实验采用改性有机胺作固化剂，如采用二乙烯三胺与双酚 A 型环氧树脂进行反应，其固化机理如下式所示。

根据反应机理，改性有机胺与环氧树脂的反应可分为两个阶段：第一阶段，伯胺和环氧基团反应，生成仲胺；第二阶段，生成的仲胺和环氧基团反应生成叔胺。

反应第一阶段：

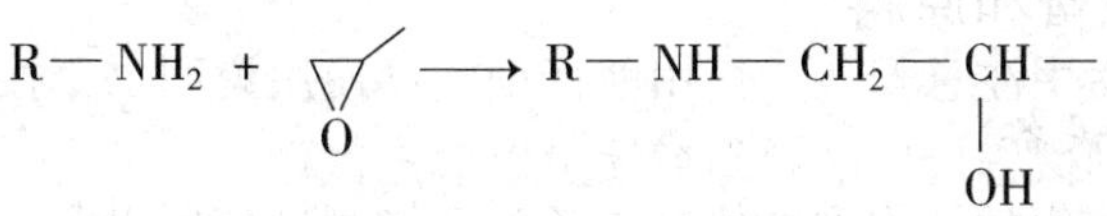

反应第二阶段：

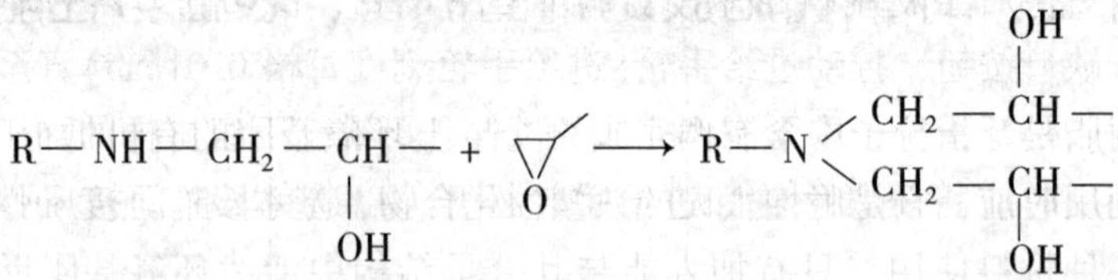

在上述两个阶段中，环氧基发生开环反应生成羟基，羟基等基团具有给质子特性，对加成反应表现出一定的催化活性，会加速氨基与环氧基的反应。

双酚 A 环氧树脂：

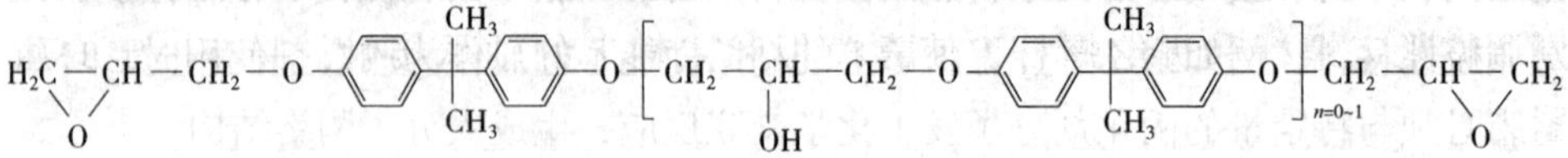

二乙烯基三胺：

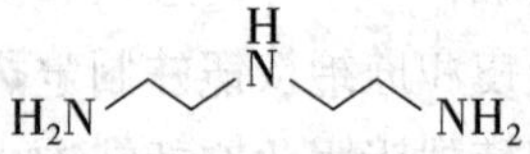

环氧树脂与氨基的加成反应遵循双分子反应机理。给质子基团(羟基、酚基、羧基等)，都可以促进环氧基的开环反应，有利于胺类化合物的氮原子对环氧基碳原子的亲核进攻，同时完成氢原子的加成反应。

环氧树脂与氨基固化剂反应配比的计算如下：

$$固化剂活泼氢当量=\frac{固化剂相对分子质量}{固化剂分子的活泼氢数}$$

$$100g\ 树脂的固化剂用量=固化剂活泼氢当量\times环氧值$$

胺类固化剂(如二乙烯基三胺)的用量计算如下：

$$二乙烯基三胺活泼氢当量=\frac{103}{5}=20.6g/当量$$

$$每\ 100g\ 树脂的二乙烯三胺的用量=20.6\times0.51=10.506g$$

环氧树脂胶黏剂的粘结性能测试方法主要有剥离法和剪切拉伸法两种。结合实验室的仪器设备，根据国家标准选择相应的制样、测试方法，获得必要的测试数据，总结出分子结构与性能的关系规律。若调整胶黏剂的性能，能给出可行的配方、工艺调整方案。

三、实验设备和原料

1. 实验仪器设备

原料、中间体化学结构测试仪器、各项性能测试仪器设备、计量仪器、加热设备、合成/改性反应用玻璃器皿等。

2. 实验原料

环氧树脂、环氧树脂固化剂、催化剂、填充料、稀释剂等。

四、实验步骤

(1) 原料的改性或中间产物的合成。

(2) 中间体或产物的结构测试与表征。

(3) 胶黏剂配方设计与制样。

(4) 确定测试方法，测试力学性能等得出结论。

实验结果记录举例见表 12-1。

表 12-1　实验结果记录

未加 DMP30	1	2	3	4	5	平均值
P/N						
$B \times L$/mm^2						
τ/MPa						
加 DMP30	1	2	3	4	5	平均值
P/N						
$B \times L$/mm^2						
τ/MPa						

注：P 为最大拉力，B 和 L 为样条粘接部分的宽和长，τ 为拉伸剪切强度。

五、注意事项

(1) 合成实验实施前，要熟知各原料的物理化学性质，尤其要了解毒性、易燃易爆的性质，掌握相应防护措施。要佩戴相应实验护具，做好个人安全防护。

(2) 操作测试、表征仪器时，应事先学会各种仪器的操作方法及注意事项，确保人身、仪器安全，获得的测试数据真实、准确、可靠。

(3) 及时做好实验记录，认真观察、记录实验现象，分析实验结果。

六、思考题

(1) 配方中各组分的作用是什么？其用量如何确定？

(2) 中间产物的化学结构和性能分别有多少测试方法？给出相应的测试机理。

(3) 如何根据客户对环氧树脂胶黏剂要求的变化，设计相应的配方？

实验十三　聚氨酯泡沫塑料的制造

泡沫塑料是聚氨酯合成材料的主要品种之一，与其他泡沫塑料一样，它的主要特征是多孔性，因而相对密度小，比强度高。根据所用的原料差异和配方不同，可制成软质、半硬质和硬质聚氨酯泡沫塑料等；按照多元醇品种分类，又可分为聚酯型、聚醚型聚氨酯泡沫塑料等；若按发泡方法分类，又有块状、模塑和喷涂聚氨酯泡沫塑料等类型。

与其他泡沫塑料相比，聚氨酯泡沫塑料应用更加广泛，几乎渗透到国民经济各部门，特别在家具、床具、运输、冷藏、建筑等行业使用得十分普遍，已成为不可缺少的材料之一，成为塑料中应用范围最广的品种之一。聚氨酯软泡主要应用于家具衬垫、车用垫材、地毯底衬、建筑吸声、体育垫、床垫、枕头和仪器包装；聚氨酯硬泡主要用于冷藏冷冻设备及冷库绝热保温、绝热板材、墙体保温、管道保温、储罐的绝热保温、单组分泡沫填缝材料等。

一、实验目的

(1) 通过实验使学生巩固对聚氨酯泡沫塑料合成原理的认识。

(2) 初步掌握聚氨酯泡沫塑料的配料计算。

(3) 了解影响聚氨酯泡沫塑料成型的工艺因素。

二、实验原理

聚氨酯泡沫塑料是以含有羟基的聚醚树脂或聚酯树脂和二异氰酸酯为原料，加入催化剂(交联催化剂和发泡催化剂)、发泡剂(化学发泡剂和外发泡剂)、泡沫稳定剂(表面活性剂)经过混合搅拌后发泡、熟化而成。主要发泡气体为异氰酸酯与水反应形成二氧化碳，属于化学发泡法，即利用发泡组分间相互作用产生气体。其中聚酯型聚氨酯泡沫塑料性能优良、价格高，聚醚型价格低，应用比较普遍。

生产聚氨酯软质泡沫塑料的聚醚或聚酯都是线型的或稍带支链的长链分子，每个大分子带有2~3个羟基，相对分子质量为2000~4000。生产聚氨酯硬质泡沫塑料的聚醚或聚酯相对分子质量较小，具有支链结构，官能度3~8之间。

在聚氨酯泡沫塑料的形成过程中，存在的主要反应如下：

1. 异氰酸酯与羟基的反应

多异氰酸酯与多元醇反应生成聚氨酯，反应式为：

$$n\mathrm{OCNRNCO}+n\mathrm{HOROH}\longrightarrow \left[\overset{\overset{\displaystyle \mathrm{O}}{\|}}{\mathrm{C}}\mathrm{NHRNH}\overset{\overset{\displaystyle \mathrm{O}}{\|}}{\mathrm{C}}\mathrm{ORO}\right]_n$$

2. 异氰酸酯与水的反应

带有异氰酸酯基团的化合物或高分子链节和水形成不稳定的氨基甲酸，然后分解成胺和二氧化碳。反应式为：

$$\sim\sim \mathrm{RNCO}+\mathrm{H_2O}\longrightarrow \sim\sim \mathrm{RNHCOOH}\longrightarrow \sim\sim \mathrm{RNH_2}+\mathrm{CO_2}\uparrow$$

氨基进一步与异氰酸酯基团反应生成含有脲基的聚合物。反应式为：

$$\sim\sim \mathrm{RNCO}+\mathrm{H_2NR}\sim\sim \longrightarrow \sim\sim \mathrm{RNH}\overset{\overset{\displaystyle \mathrm{O}}{\|}}{\mathrm{C}}\mathrm{NHR}\sim\sim$$

3. 脲基甲酸酯反应

氨基甲酸酯基团氮原子上的氢与异氰酸酯反应，形成脲基甲酸酯。反应式为：

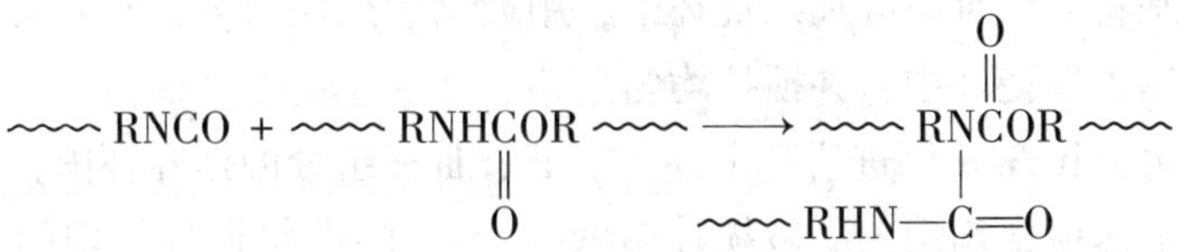

4. 缩二脲反应

脲基中氮原子上的氢与异氰酸酯反应形成缩二脲。反应式为：

上述脲基甲酸酯反应和缩二脲反应均属于支化和交联反应，异氰酸酯与水的反应为形成气体的反应。

三、原料及仪器设备

1. 原料

聚醚(相对分子质量为3000)、甲苯二异氰酸酯(TDI)、三乙烯二胺、二月桂酸二丁基锡、甲基硅油。

2. 主要仪器设备

电动搅拌器1台、天平(感量0.5g)、秒表、电烘箱(2kW、500mm×500mm×500mm)、烧杯(50mL)、搪瓷杯(100mL)、玻璃棒等。

四、实验步骤

（1）准备工作

① 自制模具：用塑料片、木板或硬纸板制作若干个盒状模具，在模腔内衬垫纸张，以利于泡沫塑料脱模。

② 电烘箱加热 80℃。

（2）称量原料，原料分为四组，见表 13-1，分别进行称量后待用。

表 13-1　聚氨酯泡沫塑料的四组分原料 g

Ⅰ	Ⅱ	Ⅲ	Ⅳ
聚醚 48.0	聚醚 2.0 二乙烯二胺 0.075	蒸馏水 2.0 二月桂酸二丁基锡 0.125 甲基硅油 0.5	TDI 25.1

（3）分别将Ⅱ、Ⅲ组分加入烧杯中，用玻璃棒搅拌均匀，然后将Ⅰ、Ⅱ、Ⅲ三组分同时倒入搪瓷杯中，并搅拌均匀。

（4）将组分Ⅳ TDI 倒进盛有上述Ⅰ、Ⅱ、Ⅲ三组分的搪瓷杯中，立即置于电动搅拌器下迅速搅拌均匀，一般搅拌时间 3～5s，随即将搅拌均匀的混合物倒入开口的模具中，此时甲基二异氰酸酯和聚醚在催化剂作用下生成聚氨酯树脂，甲基二异氰酸酯和蒸馏水作用产生二氧化碳并分散在树脂中进行发泡。

（5）待模具中的混合物的泡沫形成并稳定后，将模具连同泡沫体一起放入 80℃的电烘箱加热熟化，使反应完全，用手接触制品不发黏即可。熟化时间长短视泡沫体的厚度而定，可以在 100℃的条件下熟化 1h，也可于室温下，低温熟化约 24h。

（6）实验可以改变表 13-1 中蒸馏水的用量，或者改变熟化温度，按照上述(3)、(4)、(5)步骤操作，即可制取不同密度的聚氨酯泡沫塑料。

（7）测定聚氨酯泡沫塑料的表观密度，根据需要也可以测定拉伸强度、撕裂强度、压缩强度、回弹性、导热系数、吸水率等。

五、实验结果

（1）观察并记录每一实验步骤中物料的变化情况。

（2）记录聚氨酯泡沫塑料成型的工艺条件、制品尺寸、熟化时间和温度、电动搅拌器搅拌桨的形式、搅拌器转速及搅拌时间等。

（3）记录各种配方制品的表观密度。

六、注意事项

(1) 原料混合时必须均匀，否则制成的泡沫塑料的泡孔大小不一，影响制品密度的均匀性。

(2) 混合后的物料，灌进模具的速度要快，否则混合料在未灌进模具之前便发泡，而导致实验失败。

(3) 在模具内衬垫纸张时，纸张必须全部覆盖模壁，否则制品与模壁粘连，造成脱模困难或损坏制品。

(4) 实验操作时，药品(尤其是TDI对皮肤和呼吸道黏膜有强刺激作用)不要接触皮肤，以防中毒。

七、思考题

(1) 影响聚氨酯泡沫塑料的密度因素有哪些?

(2) 试述制备聚氨酯泡沫塑料的时候出现开裂、泡沫收缩、泡沫崩塌以及气泡严重的原因。

实验十四　可控制流变聚丙烯的制备

聚丙烯(PP)是一种通用的树脂，除具有通用树脂的性能外，还具有弹性模量高、密度低、耐折性好等特点，经过改性可以作为工程塑料使用。聚丙烯的种类很多，应用的行业比较广泛，在家电、汽车以及无纺布等行业对 PP 树脂都有共同的要求，就是它的高流动性以及窄的相对分子质量分布。

获得高流动聚丙烯有两种方法：一种方法是采用新型催化剂在反应器中合成，但此法产生的过渡料多，生产工艺难度大，不易控制。另一种方法就是可控降解方法，在低熔体流动速率 PP 基础树脂上加入降解剂，使 PP 降解，相对分子质量降低，相对分子质量分布变窄，这种 PP 一般称为可控流变性 PP，简称 CRPP。

可控流变法是目前工业上生产高流动性 PP 的方法之一。CRPP 流动性好，相对分子质量分布窄，可以作挤出流延涂覆、复合膜、高速纺丝，与其他料共混可用于注射大型制品、薄壁制品的生产。可控流变性 PP 制备的工艺核心是降解剂的使用。

一、实验目的

(1) 掌握 PP 降解的基本原理，了解其应用。

(2) 掌握利用双螺杆挤出机制备 CRPP 的方法。

(3) 了解降解剂的使用和作用。

二、实验原理

高分子化合物的聚合度变小反应一般为降解反应，引发降解反应的物质称为降解剂。PP 降解的方法就是加入降解剂，降解过程按照自由基(β-断链)连锁反应机理进行。

加入降解剂使聚合物降解是化学降解方法，降解剂一般为有机过氧化物。有机过氧化物的种类很多，其选择很大程度上是看在有效速率下的分解温度，另外过氧化物的活性氧的含量、分解半衰期等参数也影响 PP 的降解反应历程，同时降解剂的安全性、毒性污染等也是非常重要的指标。

在降解反应中，降解剂分解为自由基的最大速率时的温度应该与 PP 的熔融温度相吻合，这样才能在反应设备(例如双螺杆挤出机)中起到应有的作用。PP 未完全熔融前降解剂不应分解很多，降解剂的全部分解时间应小于在挤出机机筒中的平均停留时间，从而保证降解剂起到调节 PP 的相对分子质量以及分布的作用。例如过氧化二异丙苯(DCP)，171℃的半衰期1min，在聚合物未完全熔融时，已经大部分分解，当物料进入挤出机的高温区，熔体黏度变小，利于降解剂的自由基偶合终止或与部分大分子自由基偶合终止，使聚合物熔体流动速率变小，相对分子质量分布变窄。反过来如果在聚合物熔融温度下半衰期比较长的，降解后在CRPP中残余量大，使后加工中再次降解。表14-1为几种过氧化物的物性参数，PP的降解根据PP牌号选择合适的降解剂。

表14-1　几种过氧化物的物性参数

降解剂	分解温度		理论活性氧量/%	活化能/(kJ/mol)
	1min半衰期	10h半衰期		
过氧化苯甲酰(BPO)	133	73	7.0	126
过氧化二异丙苯(DCP)	171	115	6.0	171
过氧化二叔丁基(DTBP)	193	126	10.94	147.0
2，5-二甲基-2，5-二-(叔丁基过氧)己烷(DHBP)	179	118	11.02	150.7
二叔戊基过氧化物(DTAP)	184	108	9.18	148.35
过氧化苯甲酸特丁酯(TBPB)	166	105	8.24	37.4

有机过氧化物降解聚丙烯的机理如下：

(1) 有机过氧化物由热引发而分解，产生初级自由基ROOR→2RO·。

(2)初级自由基攻击聚丙烯分子链上的叔碳原子，并夺走其上面的氢原子，形成PP自由基分子链：

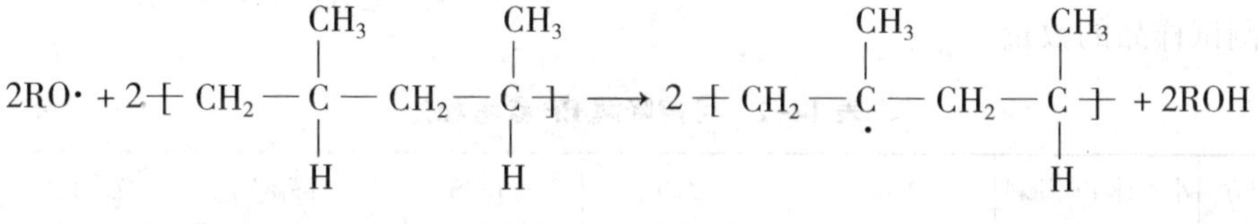

(3) PP自由基分子链断裂(降解)：

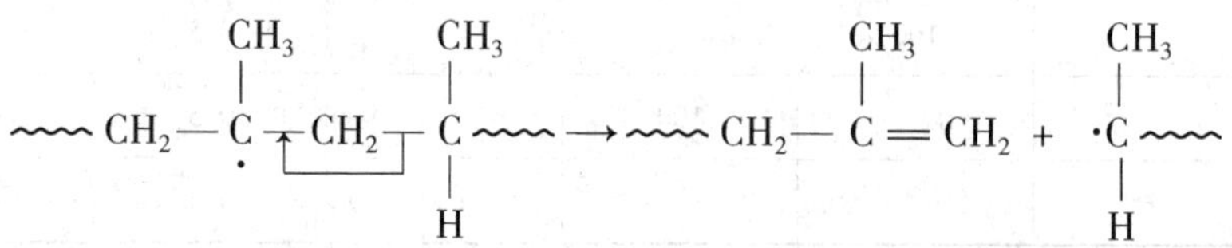

随着聚丙烯分子链的断裂，最后有机过氧化物完全耗尽，不再产生自由基，从而使聚丙烯相对分子质量降低到较低的某一水平，链终止。降解后的PP其黏度降低，熔体流动速率相应提高，流动性增加。

聚丙烯的降解可以在双螺杆挤出机中进行，即反应挤出方法。利用降解剂含量、挤出机转速、停留时间等工艺来控制相对分子质量。需要注意的是，由于 PP 易于氧化，因此加工的时候需要加入抗氧剂，但是抗氧剂会对 PP 的降解反应有干扰，对降解剂有一定的负效应，因此抗氧剂最好选用复合抗氧剂。复合抗氧剂一般为酚类抗氧剂和亚磷酸酯类化合物，例如 1010 和 264，KY215 和 264 等。

三、实验设备和原料

1. 实验设备

双螺杆挤出机、高混机、熔体流动速率仪等，见相应的实验。

2. 实验原料

聚丙烯（可以选用小本体 PP 粉料、2401、1300、T30S 等型号）、抗氧剂（1010、246）、过氧化物降解剂（DCP、DTBP、DHBP）等。

四、实验步骤

1. 准备工作

(1) 了解双螺杆挤出机、高混机的工作原理、安全要求及使用要求，见相应实验。

(2) 检查机器的完好性，按照设定的工艺进行加热升温。

2. 配料

按照表 14-2 参考配方进行计算并称量，每个配方至少总量在 1kg，保证后续测试样品的数量。

表 14-2　可控降解 PP 参考配方　　质量份

配方	小本体 PP 粉料	2401	1300	T30S	降解剂	复合抗氧剂
1	100				0.5	0.1
2		100			0.5	0.1
3			100		0.5	0.1
4				100	0.5	0.1

配方也可以针对某一种树脂，改变降解剂品种以及降解剂的用量、抗氧剂种类，改变挤出温度、速度，参考正交设计表 14-3 进行实验配方设计，并给出相应的工艺条件。

表 14-3　正交设计参考表

试验号	PP	降解剂 A	抗氧剂 B	工艺条件 C	熔体流动速率	…
1	100	A_1	B_1	C_1	E	
2	100	A_1	B_2	C_2	F	
3	100	A_1	B_3	C_3	G	
4	100	A_2	B_1	C_2	H	
5	100	A_2	B_2	C_3	I	
6	100	A_2	B_3	C_1	J	
7	100	A_3	B_1	C_3	K	
8	100	A_3	B_2	C_1	L	
9	100	A_3	B_3	C_2	M	
Ⅰ		E+F+G	E+H+K	E+J+L		
Ⅱ		H+I+J	F+I+L	F+H+M		
Ⅲ		K+L+M	G+J+M	G+I+K		
极差 R		$R_{A\max}-R_{A\min}$	$R_{B\max}-R_{B\min}$	$R_{C\max}-R_{C\min}$		

3. 混合

按照不同的配方将称量好的原料加入高速混合机中，在一定温度和时间条件下混合(按照配方确定)，混合后取出待用。

4. 挤出造粒

挤出机的操作按照本书第二部分实验二的说明进行，双螺杆挤出机的参考温度设定见表 14-4。挤出造粒后，按照要求干燥处理。

表 14-4　双螺杆挤出机的参考温度

区域	一区	二区	三区	四区	五区	六区	七区	八区	九区	十区	机头
温度/℃	150	160	170	210	215	220	225	230	235	240	230

5. 测定熔体流动速率

利用熔体流动速率仪测定 PP 以及 CRPP 熔体流动速率。

测试条件：温度 190℃，2160g(砝码)。

6. 其他性能

根据需要可以测定相对分子质量分布、拉伸强度、冲击强度等。

五、实验结果分析

根据实验配方，将不同配方测定的熔体流动速率结果列入表 14-3，解释实验过程中的熔体流动速率与降解剂、工艺条件的关系，并根据极差讨论对熔体流动速率影响比较大的因素。

六、思考题

(1) 比较 PP 和 CRPP 的熔体流动速率变化，定性说明降解剂用量对熔体流动速率的影响。

(2) 本实验采用降解剂使 PP 降解，改变熔体流动速率，提高流动性，是否还有其他的方法改变树脂的流动性？简要说明。

(3) 讨论 PP 的降解以及抗氧机理。

(4) 说明表 14-4 中挤出机设定的温度，为什么中间区域温度高，而机头和一区温度低？

实验十五　增容剂的制备以及在聚丙烯/聚酰胺 6 合金中的应用

增容剂是伴随着聚合物共混出现的一种助剂。几乎所有聚合物共混体系都属于热力学不相容体系，一般组分之间是相分离的，然而可以借助于分子间的键合力，利用增容剂降低两相界面张力，促进两相均匀、微细分散，两相界面粘接力增强，并保持稳定的亚微观形态，在提高共混材料的混合效果的同时，保证共混材料获得优异的性能，特别是力学性能。

增容剂也称为相容剂、增混剂、界面剂，可分为高分子增容剂和低分子增容剂。高分子增容剂又可以分为反应型增容剂和非反应型增容剂两类。反应型增容剂是指本身含有反应基团的增容剂，类似于偶联剂，在聚合物共混时能与其他聚合物含有的基团发生化学反应，生成化学键而使聚合物和增容剂之间产生较强的结合力而达到增容的效果。其优点是添加少量就可以产生效果；缺点是可能产生副反应，降低体系的性能，同时对共混工艺比较苛刻。非反应型增容剂是指结构中没有反应基团，在聚合物共混过程中仅仅使共混组分微细均匀分散，只起到乳化剂的作用。其优点是共混过程没有副反应；缺点是添加量多，成本高。该增容剂大多数为嵌段共聚物或接枝共聚物等，作为增容剂依靠自身的两端分别与共混物中两种组分相容。部分共混聚合物所适应的增容剂见表 15-1。

表 15-1　一些共混聚合物所适应的增容剂

聚合物合金	增容剂	聚合物合金	增容剂	聚合物合金	增容剂
PVC/PP	CPE	PVC/PP	CPE+EDPM	PA6/HDPE	EVA
PS/BS	MBS	PP/PA6	PP-g-MAH	PA1010/PP	氯磺化聚丙烯
ABS/PVC	EVA-CO	PP/PMMA	PP-g-MMA	PA/PE	PE-g-MAH
PP/橡胶	EDPM	PS/PE	PE-g-S	PPS/PC	环氧改性 PS-g-MMA

高分子反应型增容剂是当前共混改性技术中新的发展方向。反应型增容剂主要是含活性端基的共聚物，其增容方法可分为三类：

（1）利用带官能团的组分在熔融共混中就地形成接枝或嵌段共聚物，在共混物相界面起增容剂的作用。

（2）加入至少能够与其中一个组分起反应的聚合物，通过共价键或离子键起增容作用。

（3）加入低相对分子质量组分，促进共聚物的形成，或共聚物的形成与交联反应同时进行。

实际应用过程中常采用第二种方法，即加入大分子增容剂(相容剂)，例如某些接枝共聚物PP-g-MAH、PP-g-AA和聚酰胺可以通过酸酐或羧基和氨基反应，使共混物PP、PE、EPM/PA6或PA66增容，也可以通过磺化PS锌盐使PS+PPE/磺化EPDN锌盐共混物通过生成链间盐的反应增容。本实验制备的PP-g-MAH增容剂属于一种高分子的反应型增容剂。

一、实验目的

(1) 掌握增容剂PP-g-MAH制备方法。

(2) 掌握增容剂PP-g-MAH在聚酰胺(PA)与聚丙烯(PP)改性中的应用。

(3) 了解双螺杆挤出机的结构、操作以及制备增容剂的方法。

二、实验原理

1. 增容剂(相容剂)

反应型增容剂，可通过低分子化合物，如马来酸酐(MAH)、丙烯酸(AA)和甲基丙烯酸缩水甘油酯(GMA)等含有反应型官能团的单体，在引发剂作用下，单体与聚合物发生反应而成。

MAH是一种含有多种官能团的极性化合物，分子结构中含有不饱和双键，容易与其他聚合物发生共聚反应。利用过氧化物的引发反应，可以使MAH接枝在PP大分子链上，得到聚丙烯和马来酸酐的共聚物，即PP-g-MAH。此反应可以采用熔融接枝、溶液接枝、固相接枝等方法，但最重要的方法是熔融接枝法。熔融接枝法即所谓的“反应挤出法”，操作简单，无溶剂回收，成本低，产物也无需处理，可以实现工业化的连续生产。

MAH接枝PP是在过氧化物存在下发生的自由基接枝反应，反应体系中过氧化物引发剂先分解初级自由基，该自由基夺取PP中叔碳上的氢原子，生成PP大分子链上的叔碳自由基，再与MAH单体反应生成接枝物。

$$\text{ROOR} \xrightarrow{\triangle} 2\text{RO}\cdot$$

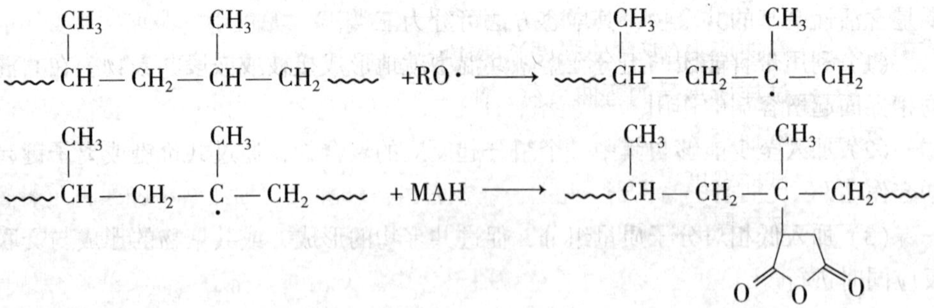

由于熔融过程的高温，以及叔碳自由基的不稳定性，在接枝反应过程中易发生强烈分子内断链(β-断链)，从而使聚合物发生降解。

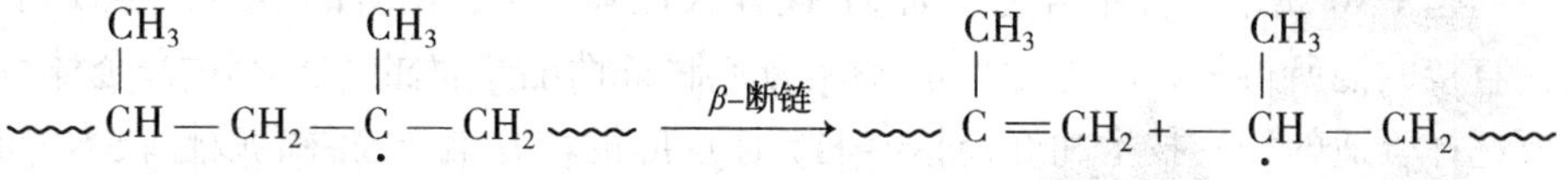

聚合物降解会造成接枝率低、MAH 高温升华等。为了解决此类问题，促进主反应，限制副反应，可以加入一些含 N、S 原子的电子给体化合物，如二甲基甲酰胺(DMF)、二甲基乙酰胺(DMAC)等。

影响 PP 接枝 MAH 反应的因素很多，主要有引发剂品种和浓度、单体质量浓度、添加剂品种和浓度、反应温度以及反应时间等。

一般引发剂浓度增加，接枝率相应提高，但引发剂用量过多，会伴随有降解反应。主要原因是 PP 大分子链上存在着大量的叔碳原子，熔融状态时在引发剂的作用下，造成降解。PP 降解使熔体流动性增大，当熔体的流动性过大时，熔体强度低，从而聚丙烯接枝 MAH 挤出成条困难。引发剂固定不变时，接枝率随 MAH 用量的增加而呈上升趋势，但继续增加 MAH 的用量时对接枝率的影响变小。反应温度低时，引发剂的分解浓度高，也有利于副反应的发生，因而消耗了自由基，使自由基没有明显提高。采用熔融接枝法，熔融反应时间(即挤出机螺杆的转速)对接枝率影响很大，螺杆转速太快时，物料在机筒内停留时间较短，反应不充分，接枝率降低；当螺杆转速太慢时，剪切力过小，致使引发剂分散不均，同时物料停留时间过长，会引起严重的交联而降低接枝率。此外挤出机的螺杆长径比 L/D 最好大于 50，并且螺杆的组合与普通的塑料改性不同，需要对螺杆进行特别的组合，确保接枝反应合理有效地进行。

2. 相容剂应用

高分子合金一般是指塑料与塑料或塑料与橡胶经过共混后，形成的宏观上均相、微观上分相的一类材料。经过合金化，原来单一高分子化合物性能上的某些欠缺可以互相弥补，表现出均衡的综合性能，也可以使某些性能得到改善，或赋予高分子材料新的特殊的性能。

聚丙烯是性能优良、应用比较广泛的通用聚合物材料，除具有良好的力学性能和电性能、吸水性小、耐油性和耐化学性能优良外，还具有易加工、成本低等优点，故广泛应用于日常生活及工农业等许多领域，但用作工业部件时其拉伸强度往往不能满足要求。尼龙 6(PA6)是常用的工程塑料之一，它具有弹性好、冲击强度和拉伸强度高、耐磨和自润滑性优良、化学稳定性好和加工流动性好等优点，但也存在吸水性大、吸水后冲击强度和弹性模量下降、形状和尺寸稳定性变差等缺点。若将两者共混，利用PA6的特性提高PP的性能，进而扩大PP的应用领域，PP/PA合金的强度、染色性能和阻隔性能远远优于PP。

但是PA6属于极性聚合物，而PP是非极性聚合物，两者的不相容导致相分离，直接共混所得材料的力学性能差。为了制备性能优良的PP/PA6合金体系，就要选择合适的相容技术和好的相容剂，而反应性增容是当前共混改性技术中新的发展方向。

前述的增容剂PP-g-MAH，是在非极性的大分子PP主链上引入了强极性的侧基MAH，可以成为增进极性材料和非极性材料粘结和相容性的桥梁，改善材料之间的界面性能，是PP/PA6合金比较实用的增容剂(相容剂)。

PP-g-MAH，由于引入酸酐基团，活性强的酸酐基团容易与羧基、氨基等官能团发生化学反应。如图15-1所示PP-g-MAH聚集在聚丙烯和尼龙的两相表面，起到一个“桥梁”作用，MAH与PA分子链末端的—NH_2发生化学反应，从而在PA6与基体的界面上形成了化学键而牢固结合在一起；PP-g-MAH的PP端与聚丙烯基体发生共结晶或分子缠绕，这就增加了两相间的结合力，使原来两种不相容共混成分在统一体内形成分散结构而互容，大大提高了合金材料的力学性能。

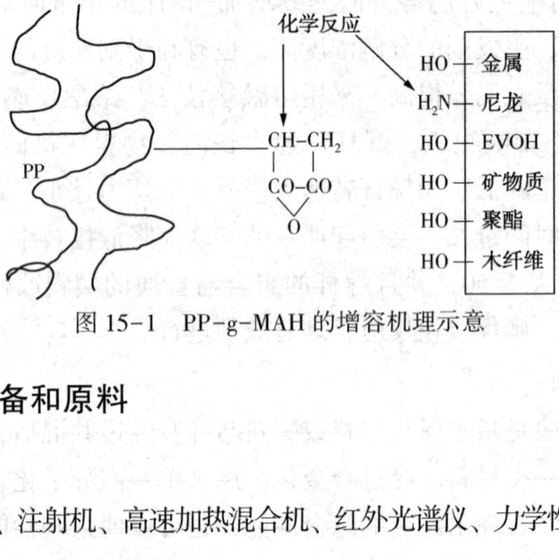

图15-1 PP-g-MAH的增容机理示意

三、实验设备和原料

1. 实验设备

双螺杆挤出机、注射机、高速加热混合机、红外光谱仪、力学性能测试试验机等。

2. 实验原料

聚丙烯(T30S)、马来酸酐(MAH)、聚酰胺6(PA6)、抗氧剂(1010、246)、过氧化二异丙苯(DCP)、丙酮等。

四、实验步骤

1. 增容剂PP-g-MAH制备

(1) 查资料，或按照表15-2参考配方确定聚丙烯接枝马来酸酐的配方。按照配方进行称量原料，MAH 事先研碎、DCP 用丙酮溶解，与 PP、抗氧剂等一起加入高速加热混合机混合，混合物待用。

表 15-2　增容剂 PP-g-MAH 参考配方及反应条件　　质量份

PP	引发剂(DCP)	MAH	反应温度	螺杆转速
100	0.2~0.4	5~7	185~200℃	30~45r/min

（2）将混合物加入双螺杆挤出机，挤出拉条切粒。

高混机以及挤出机的工艺条件可以通过查找资料确定

2. PP-g-MAH 纯化

（1）将 PP-g-MAH 粒料在 70℃下真空干燥 8h，除去产物表面未反应的 MAH，可以看到颗粒颜色变浅。

（2）称取干燥后的样品 4g 和 200mL 二甲苯，加入 250mL 的圆底烧瓶中，回流 8~10h，将其全部溶解后，倒入未加热的丙酮中，形成白色乳状溶液，静置沉析，抽滤出液体，沉淀物干燥。

（3）利用丙酮作溶剂，在索氏抽提装置中抽提 24h，在 70℃真空干燥 12h 到恒重。

3. PP-g-MAH 接枝率测定

由于聚丙烯在有机溶剂中的溶解性一般较差，在加热后溶解度不高，而且产物的接枝率也较低，因此对接枝物的表征是比较困难的。目前表征接枝率比较常用的方法是酸碱滴定法、红外光谱分析法和核磁共振分析法。

1）酸碱滴定法

用滴定法测定马来酸酐接枝聚丙烯中酸酐的含量具有操作简单、投资少、难度系数小等优点，但由于接枝 PP 大分子链的活动性不如低分子，为了使之充分反应，滴定法一般需要很长时间。

称取纯化后的 2g 样品以及 80mL 二甲苯加入锥形瓶中，加热回流 30min 至样品溶解。冷却后加入 0.1mol/L 的 KOH-乙醇标准溶液，加热回流 6h，稍冷却加入 3 滴酚酞指示剂，再用 0.1mol/L HCl-异丙醇标准溶液反滴定过量的 KOH-乙醇标准溶液到终点，记录过量所消耗的碱量和中和的酸量，并按照下式计算接枝率：

$$G_x = \frac{9.806(V_1 C_1 - V_2 C_2)}{2W}$$

式中　G_x——1g PP 接枝物上的 MAH 质量分数，%；

C_1——KOH-乙醇标准溶液浓度，mol/L；

C_2——HCl-异丙醇标准溶液浓度，mol/L；

V_1——加入过量 KOH-乙醇标准溶液的体积，mL；

V_2——反滴定中和碱所消耗的 HCl-异丙醇标准溶液体积，mL；

W——接枝物精制样品的质量，g。

2）红外光谱分析法

红外光谱分析法主要用作定性分析。定性分析是通过马来酸酐的特征官能团 C ═O 的特征吸收峰来判断接枝反应是否成功的。

纯化后的接枝物利用平板硫化机在 170℃、5MPa 压成薄膜(厚 0.01mm)，红外测试，波数范围在 400~4000cm^{-1}。

4. PP/PA6 合金标准样条制备

将 PP、PA6、PP-g-MAH 在 80℃真空条件下干燥 24h，按照一定比例称量后混合，加入双螺杆挤出机进行熔融挤出、拉条、切粒，见表 15-3。粒料经过干燥，利用注射机制备标准样条。

表 15-3　参考配方及工艺条件　　质量份

PP	PP6	PP-g-MAH	挤出机温度	挤出速度	注射机温度	保压压力	保压时间
100	35~50	6~10	180~240℃	144r/min	220~240℃	80MPa	5~10s

5. 性能测试

PP/PA6 合金可以进行力学性能测试，例如拉伸强度、弯曲强度、冲击强度的测试，也可以通过扫描电镜观察合金相形态。

五、注意事项

（1）MAH 有毒，高温加工易挥发，损伤眼睛等器官，注意防护。

（2）MAH 残留在 PP 中很难除去，阻碍接枝物的功能发挥，因此反应中挤出机需要开动真空排气装置。

六、结果处理

（1）按照接枝率公式，计算接枝率，通过红外谱图确认特征峰。

（2）对 PP/PA6 合金的性能测试结果进行分析讨论。

七、思考题

（1）定性说明 MAH、DCP 用量对接枝率以及熔体流动速率的影响。

（2）定性说明 PP-g-MAH 接枝率低的原因。

（3）在 PP 与 MAH 接枝反应中，需要引发剂 DCP，但是在 DCP 存在下，PP 极易发生降解副反应，可以通过哪些办法降低副反应？

（4）与 PP 相比，PP/PA6 合金的性能有哪些改善？

实验十六 半连续乳液聚合工艺制备支化聚甲基丙烯酸甲酯

高分子聚合或其他化工合成反应既可以采用间歇反应装置，也可采用连续或半连续反应装置。由于间歇反应装置通常是先把各种物料投入反应器中，再升温到反应温度，在适度搅拌下进行反应，当反应进行到达预期转化率后，出料、清釜，准备进行下批操作，导致产品的批次差异性大，存在产品质量难以控制等缺点。因此现代化工产业中多采用连续或半连续的反应装置进行工业生产。

对于半连续反应装置来说，其型式和间歇反应器类似，但半连续操作和间歇操作有很大区别。在半连续反应操作中，并不是将所有的起始反应物料在一个反应周期开始前全部加入，而是将一部分物料如单体、引发剂或其他物料按照预先编排的程序，在反应过程中连续地加入反应器中。半连续操作方式可用来有效地控制反应速率、共聚物组成、乳胶粒尺寸分布、乳胶粒形态以及聚合物的相对分子质量及其分布等，因此也常被现代企业用于化工产品的生产。

连续聚合反应可以大大提高聚合反应装置的时空效率。在连续操作乳液聚合过程中，反应物料连续地输入，而产物则连续输出，可在相当长的时间内维持稳定状态，不仅可以提高产品质量，而且生产规模可以很大。对于反应速率较高的体系，采用连续操作方式可收到较大的经济效益。但是对于反应速率低、反应时间很长的情况来说，就不宜采用连续操作反应器。尤其是当处理容易结垢或容易引起堵塞的乳液聚合体系时，应采用间歇反应器或半连续反应器。同时连续反应器也不适用于需要经常改变配方的场合。

乳液聚合的连续反应器种类较多，目前主要有以下四种类型：连续搅拌釜式反应器(CSTR)、连续环管式反应器(CLTR)、脉冲填料塔式反应器(PPC)及库爱特-泰勒旋流式反应器(CTVFR)等。在搅拌釜式反应器中又有单釜连续反应器和多釜连续反应器之分。在工业生产中多釜连续反应器更为多见。但是在工业上得到应用的大多是 CSTR 以及少量的 CLTR，其他种类的反应器多处于理论研究和实验室研究阶段。

一、实验目的

(1) 掌握乳液聚合反应原理、连续合成反应工艺原理，熟悉连续聚合反应装置，了解单体乳液的配制、反应体系的设计、乳液聚合过程的实施。

(2) 初步掌握连续乳液聚合反应工艺制备支化 PMMA 的方法。

二、实验原理

乳液聚合是高分子合成过程中常用的一种合成方法，因为它以水作溶剂，十分有利于环境保护。在乳化剂的作用下并借助于机械搅拌，使单体在水中分散成乳状液，进而由引发剂引发进行的聚合反应。

本实验以甲基丙烯酸甲酯(MMA)为单体、二乙烯基苯(DVB)为支化剂、十二烷基硫醇($C_{12}H_{25}SH$)为链转移剂以及过硫酸钾(KPS)进行种子乳液聚合，采用平流泵连续投送单体预乳化液进行连续乳液聚合，制备低凝聚率、高支化的聚甲基丙烯酸甲酯(PMMA)乳液。

三、实验仪器和试剂

1. 试剂

甲基丙烯酸甲酯(MMA)、过硫酸钾(KPS)、十二烷基硫酸钠(SDS)、碳酸氢钠($NaHCO_3$)、十二烷基硫醇($C_{12}H_{25}SH$)、二乙烯基苯(DVB)，实验用水为去离子水。

2. 仪器

连续聚合反应装置(型号：KLLX-9)，烟台科立化工设备有限公司；搅拌器，配套的玻璃仪器。

KLLX-9连续聚合反应装置为我们自行设计、委托企业加工的连续合成反应装置，该装置可完成连续进料、控温、搅拌反应，手动控制连续出料或差压控制连续半连续出料，回流或冷凝分离等反应过程，装置运行平稳，无振动噪音，搅拌器采用磁密封性能好，釜盖上配有两个进料口、两个回流进出口以及安全防爆阀，即可实现常压反应，也可实现高压反应。

四、实验步骤

(1) 打开连续聚合反应装置，预热10min。

(2) 原料配制：

① DVB的预处理：用5% NaOH溶液洗去阻聚剂，然后用无水氯化钙干燥。

② 水乳液(Ⅰ)的制备：将1.0g乳化剂SDS、0.2g引发剂KPS溶于80mL水中，搅拌得到均匀水乳液，备用。

③ 单体预乳化液(Ⅱ)的制备：将480g水、24g乳化剂SDS、160g聚合单体MMA、4.0g支化剂DVB、0.8g链转移剂正十二烷基硫醇($C_{12}H_{25}SH$)和1.2g引发剂KPS以及4mL 5% $NaHCO_3$溶液加入1000mL烧瓶中，搅拌30min，备用。

(3) 种子乳液(Ⅲ)的制备：将上述水乳液(Ⅰ)以及120mL单体预乳化

液(Ⅱ)，分别通过两台平流泵以6.5mL/min和10mL/min的速度将其注入至反应釜(大约12min完成)，打开加热装置，同时开启搅拌装置，搅拌速度约为300r/min，进料完毕停止平流泵运行，控制反应釜温度为80℃，搅拌反应30min，得到种子乳液。

(4) 连续聚合法制备支化PMMA乳液(Ⅳ)：通过平流泵继续向上述80℃的种子乳液中注入剩余的约500mL单体预乳化液(Ⅱ)，平流泵进料速度控制在4~8mL/min，保持反应温度80℃和搅拌速度约为300r/min，进行乳液聚合反应。在开始进料后，各不同保温反应时间点的工艺操作如下：保温反应1h后，第一次排料100mL，观察合成产物外观状态，冷至室温并称取2.00g乳液置于表面皿上，放置在110℃的烘箱中0.5h后测定乳液固含量($S=1.0\%$，具体计算如下)；保温反应1.5h后，第二次排料100mL，观察合成产物外观状态，冷至室温并测定乳液固含量($S=1.5\%$，方法同上)；保温反应2.0h后，第三次排料100mL，观察合成产物外观状态，冷至室温并测定乳液固含量($S=2.0\%$，方法同上)，该次排料后即可关闭反应釜夹套加热；保温反应2.5h后，第四次排料100mL，观察合成产物外观状态，冷至室温并测定乳液固含量($S=2.5\%$，方法同上)；第四次排料完成后，即可打开反应釜夹套加热瓦，打开釜内循环冷却水冷却物料，待釜内温度降至50℃以下时，排放物料，清洗平流泵、反应釜(采用去离子水，通过平流泵进料清洗)。

(5) PMMA乳液固含量的测定：每次取样得到的PMMA乳液进行固含量的测定，取样量精确至约2.00g，在110℃烘箱中烘至恒重，冷至室温称量计量。

五、实验数据处理

乳液固含量的计算如下式，并将计算结果填入表16-1。

$$S=\frac{W_S}{W_E}\times 100\%$$

式中 W_S——乳液干燥后固体支化PMMA的质量，g；

W_E——支化PMMA乳液的质量，g。

表16-1 实验结果

性质	1	2	3	4	平均值
单体及乳化剂含量/%					
乳液固含量/%					
转化率/%					

六、思考题

(1) 试述连续聚合反应的特点及其与间歇聚合反应的差异。

(2) 支化剂如何起到支化作用的？

(3) 乳液固含量的计算为何包括乳化剂？

实验十七　聚氯乙烯加工助剂的制备及其应用

聚氯乙烯(PVC)是世界上产量最大的通用塑料，价格低廉，应用非常广泛。例如，在建筑材料、工业制品、日用品、地板革、地板砖、人造革、管材、电线电缆、包装膜、包装瓶、发泡材料、密封材料、纤维等方面均有广泛应用。PVC具有优异的力学性能和优秀的耐腐蚀性能，将其作为以塑代木、以塑代钢的材料，不仅轻便、耐腐蚀性好、成本低，而且可回收循环再造，符合环境可持续发展和循环经济的大趋势。

PVC是一多组分的塑料，为了改善加工性、提高使用性能以及降低成本，需要加入热稳定剂、增塑剂、抗冲击改性剂、加工助剂、润滑剂、填料等。其中丙烯酸酯类共聚物(ACR)作为PVC的加工助剂可以促进PVC凝胶化和改善熔体强度及熔体延伸性作用，并提高PVC熔体的均匀性，提高制品的平整性和光洁度，减小加工设备结垢现象。同时ACR类助剂随结构中所含的橡胶组分的增加，可以提高硬质PVC的抗冲击强度。这类助剂可以同时作为加工助剂和抗冲改性剂，统称为高分子改性剂。

一、实验目的

(1) 掌握核壳乳液聚合反应原理。

(2) 熟悉聚合反应装置，了解单体乳液的配制、反应体系的设计及乳液聚合过程。

(3) 初步掌握核壳结构的聚丙烯酸酯(ACR)类方法。

(4) 掌握ACR改性聚氯乙烯的方法和工艺。

二、实验原理

1. 制备原理

乳液聚合是借助乳化剂和机械搅拌，将单体分散在去离子水中，再加入水性引发剂，在乳化剂形成的胶束中引发单体进行聚合反应的一种方法。乳液聚合是唯一一种既能提高聚合反应速度，又能得到高相对分子质量聚合物的一种自由基聚合方法。因此，它常用于合成高相对分子质量的聚合物(如橡胶、涂料、胶黏剂等)。

将反应单体分散成乳状液，由水溶性引发剂引发进行聚合反应，得到种子乳液。然后，向种子乳液中逐步加入壳层材料的单体和引发剂，维持反应温度继续聚合，得到核壳聚合物乳液。

本实验中以工业化产品聚苯乙烯-丁二烯(低玻璃化转变温度)乳液为种子乳液，加入去离子水、引发剂、壳层单体甲基丙烯酸甲酯。在引发剂的引发作用下，甲基丙烯酸甲酯在乳液内核外面聚合，形成高玻璃转变温度的壳层。该核壳聚合物乳液在加热或加入电解质的方式，发生乳液破乳，凝聚沉析，过滤、干燥，可得核壳苯乙烯-丁二烯-甲基丙烯酸甲酯共聚物核壳粒子(ACR)。ACR 可用作聚氯乙烯的改性剂(提高加工性、改善抗冲击强度)。

2. ACR 与 PVC 的作用机理

PVC 树脂具有独特的多层次粒子结构，并在很大程度上决定了 PVC 的加工工艺最终产品的特性。图 17-1 为 PVC 多层次微观结构。

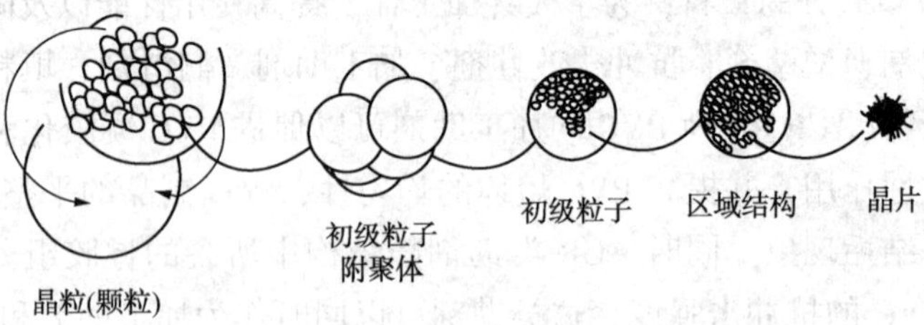

图 17-1　悬浮聚合 PVC 树脂的微观结构

通过悬浮聚合法制得的 PVC 树脂，它的凝聚态有以下一些特点：肉眼可见的可自由流动的粉末(颗粒)，平均粒径一般为 100~150μm 左右，颗粒外面通常包覆着一层胶质保护膜，这层膜被称作表皮或外皮。剥开晶粒的表皮，可见大量的初级粒子及初级粒子附聚体。初级粒子的粒径范围大约为 1~2μm，在一定条件下它是流动的基本单元。初级粒子附聚体由初级粒子聚集而成，直径范围大约为 5~10μm。初级粒子的下一个层次是区域结构，它是由 PVC 分子的链片段组成的，PVC 分子的链片段又称晶片。

1）促进 PVC 熔融

PVC 树脂熔化就是指 PVC 树脂在热和机械力作用下，由分离的固体粉末粒子变为加工熔体的过程。PVC 熔体流动单元一般为初级粒子，进一步熔化可以形成结晶度为 5%~15% PVC 微晶，为有物理交联点的连续三维网状的熔体，故 PVC 的熔融凝结也可以称为“凝胶化”。为了使制品有良好的外观，需要迅速均匀地完成凝胶作用。

但是由于 PVC 的特殊多层次结构，其熔融需要较高的温度。PVC 在高温容易发生降解，而温度低 PVC 的多层次结构没有完全消失会造成 PVC 熔融的不均匀性，最终影响 PVC 产品性能。

ACR 的结构单元是由柔软的橡胶相和包在外面的坚硬的 PMMA 树脂构成，而且 ACR 的相对分子质量很高，分子尺寸大，有利于其作用范围的扩大。ACR

树脂相 PMMA 与 PVC 的相容性非常好，而且 PMMA 一般是无定型聚合物，比热容低，有利于快速受热熔化。因此在 PVC 的加工温度下，ACR 壳层的熔融就为使 PVC 粒子之间的连接成网提供了结构上的基础，促进 PVC 凝胶化。

2）改善加工性能

PVC 熔体流动单元基本是不可变形的，但是在流动期间流动单元之间“联结带”却是极易变形的，它可以不断断裂和再生，表现出 PVC 不良的熔体强度、不良的延伸强度和熔体断裂，从而引起 HPVC 加工困难，制品出现各种表面缺陷、无光泽以及“鲨鱼皮”效应等。

ACR 加入 PVC 中，其相对分子质量大，扩散范围大，高粘结性及与 PVC 相容的 ACR 分布缠绕在 PVC 熔体流动单元表面，并把它们紧密联结起来，成为更均匀的熔体。这两种作用能提高 PVC 的熔体延伸性，并有利于形成 PVC 粒子间的网络，提高熔体热强度，从而改进树脂加工性及制品内部和表面质量。

3）提高 PVC 冲击强度

PVC 力学性能好，分子链之间的相互作用力强，但是在低温下 PVC 质脆。而 ACR 是以丁苯橡胶为核、聚丙烯酸酯为壳的粒子，加入 ACR 后能提高配料体系中的橡胶组分，在室温以及低温的环境中，使 PVC 具有优良的抗冲击强度。其增韧机理见实验九。

三、试剂原料和仪器设备

1. 试剂及原料

聚苯乙烯-丁二烯乳液(固含量为 50%)、甲基丙烯酸甲酯(MMA)、过硫酸钾(KPS)、碳酸氢钠($NaHCO_3$)、去离子水等。

悬浮聚合的 PVC 以及助剂(见实验八)。

2. 仪器及设备

KLLX-9 聚合反应装置(烟台科立化工设备有限公司)、搅拌器、配套的玻璃仪器。

PVC 混合塑炼设备，见实验八。

四、实验步骤

(1) 打开聚合反应装置，预热 10min。

(2) 原料配制和制备：

① 单体预处理：用 5% NaOH 溶液洗去 MMA 中的阻聚剂，然后用无水氯化钙干燥 2h。用滤纸过滤后，备用。

② 称取聚苯乙烯-丁二烯乳液 100g、去离子水 150g、4mL5%的 $NaHCO_3$溶液

及引发剂 KPS 0.3g，加入反应釜中，搅拌均匀。打开加热装置，将种子乳液的温度升至 75~80℃。

③ 用平流泵将 30.5g MMA 以 10mL/h 的速度，逐滴加入反应釜中。当 MMA 单体滴加完毕，在 80℃下反应 2h。期间，在 MMA 单体滴加完毕，开始计时。每隔半小时，取样 50mL。将样品冷却至室温，取 1g 左右产品，称其固体含量，计算单体转化率。

(3) 上述反应制得的 ACR 按照参考配方(见表 17-1、表 17-2)或查找资料与 PVC 以及助剂混合、塑炼后压片，制样。测试冲击强度、拉伸强度、维卡软化点等，利用转矩流变仪测试塑化行为。

表 17-1　基础配方 1　　质量份

PVC	硫醇辛基锡	硬脂酸单甘油酯	石蜡	ACR
100	2	0.8	0.3	1~10

表 17-2　基础配方 2　　质量份

PVC	三盐基性硫酸铅	CaSt	PbSt	硬脂酸单甘油酯	PE 蜡	HSt	ACR
100	3	0.5	0.5	0.7	0.2	0.3	1~10

五、思考题

(1) 为什么本实验中的核壳乳液聚合需要调节去离子水的 pH 值?

(2) 为什么加热或加入电解质能破乳?

(3) 举出几种 ACR 高分子改性剂。

(4) ACR 粒子的添加量对 PVC 的力学性能和热性能有何影响?

第四部分　标准样条制备

材料进行性能测试需要统一的标准，例如中华人民共和国标准(简称国标，GB)、国际标准化组织(ISO)、美国材料与试验协会(ASTM)、欧洲标准(EN)等。每种标准有相应的方法，方法中规定了测试条件、测试材料的形状和尺寸等。其中测试材料的形状和尺寸即为样条的标准。进行样条的制作必须符合标准，这样才能测试力学性能、热性能、燃烧性能等数据并进行分析比较。

实验十八　标准样条的制备

标准样条尺寸和形状有很多类型，但是对样条的要求需要遵循以下原则：

样条表面应平整，无气泡、裂纹、分层、明显杂质和加工损伤等缺陷。样条需要进行后处理时，需要放置在一定温度和湿度的环境中，例如热塑性塑料为(25±2)℃、热固性塑料为(25±5)℃，相对湿度为(65±5)%。处理时间按照样条的厚度设定，厚度<0.25mm 的试样不少于 4h；0.25<厚度<2mm 的试样不少于 8h；厚度>2mm 的试样不少于 16h。不同的样条制备方法不一样，薄膜一般利用锋利切样刀或锋利刀片裁切；软板、片试样用锋利切样刀在衬垫物上冲切；注射样条按有关标准或协议制作；硬质板材试样用机械加工方法加工；各向异性的材料的样条应沿纵、横方向分别取样。

样条的制备方法主要归纳为以下两种：

(1) 直接制备。利用注射模塑、压缩模塑成型的方法，采用样条模具，直接成型。

(2) 间接制备。利用某些成型方法生产膜、片材或者板材，然后采用后加工制样条。例如利用带有标准样条形状的裁刀，采用冲片机冲样条(适用于薄片、塑料膜、橡胶等)，利用一些机械加工的设备如万能制样机，对材料进行切削制备标准样条。

利用注射机制备标准样条

一、实验目的

(1) 熟悉和掌握利用注射机和注射模具制作标准样条的方法。

(2) 了解注射模具设计标准样条的形式。

二、实验原料与设备

实验原料：各种热塑性树脂。

实验设备：注射机(见实验一)、标准样条模具、干燥机等。

注射成型制作测试的标准样条主要是用于热塑性塑料和热塑性聚合物基复合材料。由于注射成型工艺条件、模具结构、注射机控制精确度都影响熔体流动，从而对试样微观结构形态有重要影响，尤其是成型工艺条件和模具结构，因此必须使用统一规定的模具结构，并在实验报告中标明材料注射成型工艺条件，保证试样的微观结构和性能基本一致。

目前，注射成型标准测试试样的模具一般可分为两大类：单型腔模具和多型腔模具。

如图 18-1 所示为单型腔模具，单型腔模具由于样条形状单一且数量少，一般使用较少。多型腔模具，如图 18-2(a)(c)(d)所示，型腔形状和尺寸相同，一次成型的几个试样之间差异很小，性能一致，较为常用。但是实验室的注射机一般注射量较小，而且更换模具相对有难度，如果同时要满足测试要求，基本上都是采用形状不同的多型腔，类似于图 18-2(b)形式。图 18-3 为实验室注射模具，该设计形式优点是可以一模注射出几种形式的样条，满足力学性能、热性能、电性能等的测试；缺点是同一种试样之间可能由于工艺、原料、设备、操作等原因会有差异，因此制备的时候尽量操作平稳，特别是设备的控制要严格，见表 18-1。

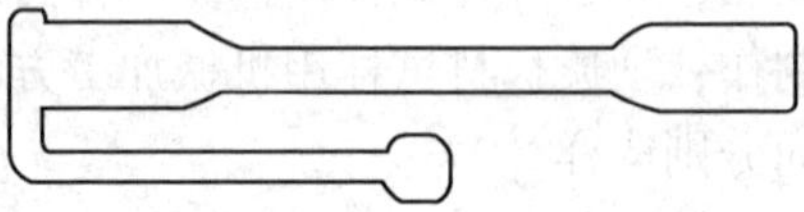

图 18-1　单型腔模具示意

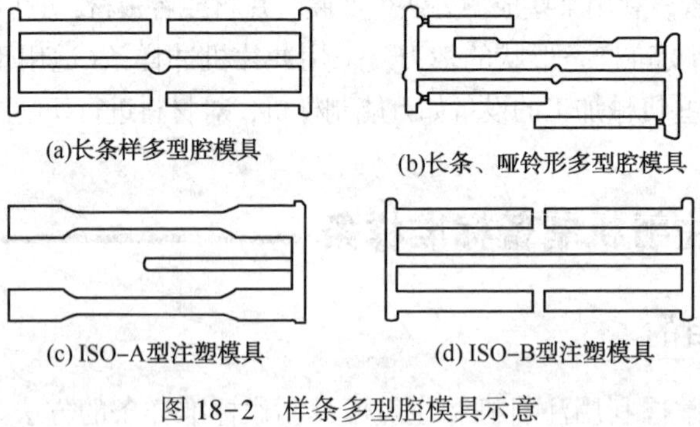

(a)长条样多型腔模具　(b)长条、哑铃形多型腔模具

(c) ISO-A型注塑模具　(d) ISO-B型注塑模具

图 18-2　样条多型腔模具示意

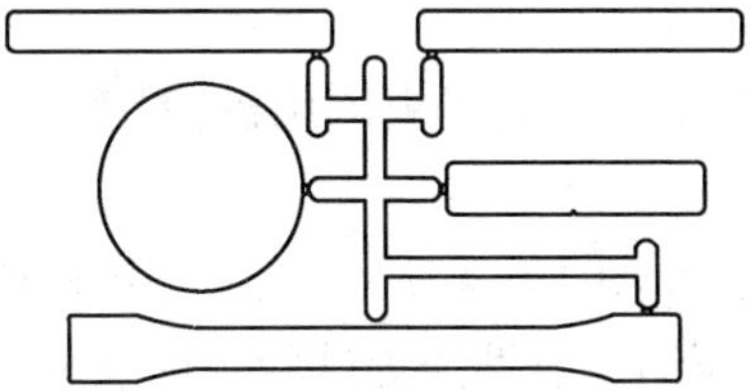

图 18-3　标准样条模腔示意

注射试样一般采用往复式螺杆注射机。注射机的控制系统应满足一定的精度要求，如注射量、注射压力、熔体温度、注射时间、保压压力、模具温度等，参考数据见表 18-1。注射条件参照材料的相关标准或参考材料供应商提供的相应数据。

表 18-1　注射机参数控制精度参考值

参数	注射量	注射压力	熔体温度	注射时间	保压压力	模具温度	
						≤80℃	>80℃
精度	±1%g	±3%kPa	±3℃	±0.1s	±5%kPa	±3℃	±5℃

三、实验步骤

实验步骤参见实验一。

利用制样机制备标准样条

利用制样机制备标准样条是属于间接从模压板材上切取试样。板材可以分为热塑性和热固性材料两类，制作方法大致相同，均可利用液压机或平板硫化机采用模压(塑料压制成型的一种)的方法制备板材，然后利用机械设备，即万能制样机对制得的板材进行切削得到所需形状尺寸的试样。

一、实验目的

(1) 熟悉和掌握热固性和热塑性树脂制作标准样条的步骤和方法。

(2) 掌握万能制样机的结构和操作方法。

二、实验原料与设备

1. 实验原料

各种热塑性树脂和热固性树脂板材。

2. 实验设备

ZHY-W 万能制样机、液压机或平板硫化机(见实验六“平板硫化机结构和操作”)。

ZHY-W 万能制样机，如图 18-4 所示，主要用于加工塑料、有机玻璃等非金属材料的冲击、拉伸、压缩、热性能等试验用标准试样，可以进行切割、铣削缺口、铣削哑铃型和平面的加工。主要技术参数见表 18-2。

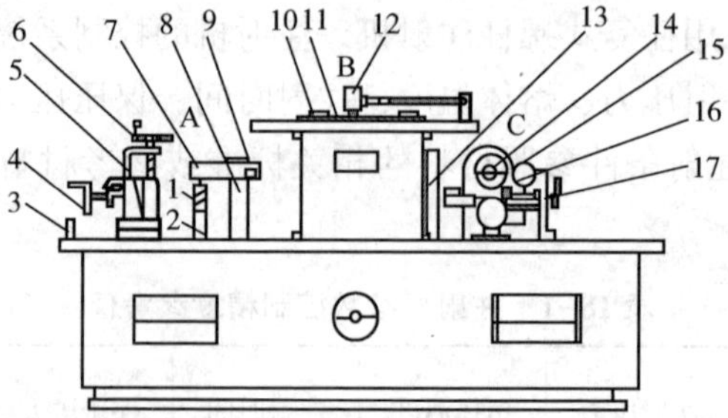

图 18-4 万能制样机示意

1—圆柱铣刀；2—主轴；3，5—支架；4，6—手轮；7—顶尖体；

8—支柱；9—锁紧螺母；10—把手；11—切断台；12—防尘罩；

13—皮带罩；14—安全罩；15—缺口铣切夹片；16—百分表；17—夹紧手轮；

A—铣哑铃形及平面部分；B—切断部分；C—铣缺口部分

表 18-2 ZHY-W 万能制样机主要技术参数

参数	指标
最大切割长度	300mm
最大切割厚度	30mm
最大铣削平面长度	280mm
切割用铣刀(砂轮片)	Φ230mm×Φ25mm×2mm
铣缺口刀具长度	50mm
加工哑铃形平面刀具	Φ30mm×Φ12mm×30mm
哑铃形进给电机	120W
切割部分主轴转速	2800r/min
铣削哑铃形铣刀转速	2800r/min
铣削进给速度	0~180mm/min
铣缺口铣刀往返速度	60 次/min
切割电机功率	550W
铣缺口电机功率	25W
铣削哑铃形电机功率	250W

三、热塑性塑料试样制备

热塑性塑料标准试样制备，首先通过模压成型制备板材或片材，再参照国家相应标准规定利用万能制样机进行试样制备。

1. 原料

可用粒料或片状料。

2. 设备和模具

1）设备

片材模压制备在液压机或平板硫化机上进行，要求设备加热时模温温差≤±2℃，冷却时模温温差≤±4℃，模压压力≥10MPa。

2）模具

模具结构有两种形式：溢料式和不溢料式模具，如图 18-5 和图 18-6 所示。溢料式模具适用于制备试样与片料厚度相似或具有可比性的低内应力的试样。不溢料式模具适用于制备表面坚固平整、内部没有空隙的试样。实验室常采用溢料式模具，两块模板及配备不同厚度（例如 2mm、4mm、6mm）的模框，见图 18-5(b)形式。

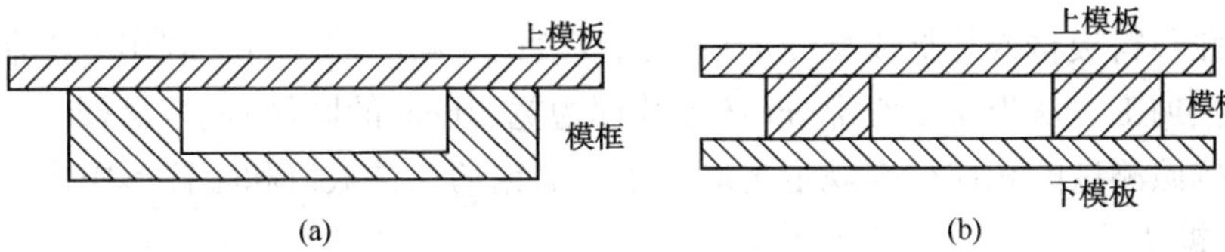

图 18-5　溢料式模具结构示意

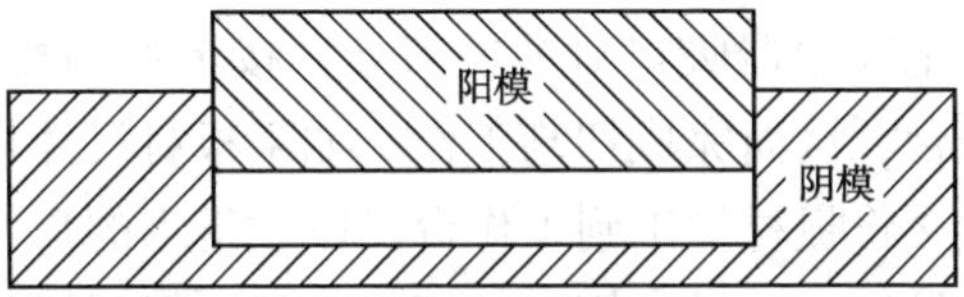

图 18-6　不溢料式模具结构示意

3. 热塑性塑料板材(片材)制备

通常，用物料直接模压能得到平整均匀的片料。但是，如果物料需要塑化时，可用双辊开炼机塑炼均化原料。为了不使聚合物降解，塑炼时物料在熔融状态停留的时间不要超过 5min。

1）模压成型

将设备和模具的温度调节到有关标准规定的模塑温度。当温度恒定后，将称量过的材料(粒料或通过开炼机预成型的片)放入模具中。使用粒料时，应将粒料铺平在模具型腔里面，材料的量要足以熔融充满模腔。对溢料式模具允许有约10%的损失；对不溢料式模具允许有约3%的损失。然后将模具置于液压机或平板硫化机的模板上，合模预热5min，然后施加压力(溢料式模具有溢料产生)2min，随即冷却。在预热和热压期间，温度波动允许在±5℃之内。对于厚度为2mm的试片，标准的预热时间是5min。对较厚的模塑件预热时间应相应调整。

2）冷却

对于某些热塑性塑料冷却速度可以对结晶、内应力等有影响，进而影响产品性能，表18-3的冷却方法可以参考或按照有关标准和使用规定来确定。

表18-3　模压成型的冷却方法

冷却方法	平均冷却速度/(℃/min)	冷却速度/(℃/h)	备注
A	10±5	—	—
B	15±5	—	—
C	60±30	—	急冷
D	—	5±0.5	缓冷

4. 利用万能制样机从模压板材或片材上截取试样

塑性塑料板材或片材成型冷却后，选取表面无缺陷的片材，利用万能制样机进行机械加工，从板材中心部分(离模片周边宽20mm的区域)制取试样。试样几何形状按照测试的相应标准规定选取。常见的锯切、铣缺口和哑铃形操作如下：

1）锯切

首先把切割工作台拉回，按需要调整试样挡块，试样挡块端头有一刻线，对准刻度尺，刻度尺每格1mm；然后将被切割板材靠实刻度尺与试样挡块，拧紧压紧手母和挡块手母，把吸尘器吸口对准铣刀处，按下切割按钮，双手握住手柄，匀速平稳地推动工作台，从而完成切割工作。如果板材尺寸偏大，可将工作台抬起移开，使用铣刀直接将板材加工到工作台可以放得下的尺寸，然后将工作台移回，注意方向及导向导轨进入导向槽内。切削一般材料用锯片铣刀，但切削较硬材料时要使用随机附带的砂轮铣刀进行切断。更换砂轮的方法是打开切料机出料门，用随机附带的活扳手卡住锁母并用小于Φ10mm的柱状物插入轴孔内，顺时针方向松开锁母，即可方便进入铣刀(砂轮片)的更换。每次使用后用吸尘器进行清理。

2）铣缺口

将截面为矩形(矩形样条可以按照锯切操作切割)的样条放在试样支块下，拧紧压紧手轮，当试样厚度小于8mm时可放置2~3层，根据试验要求更换不同型号的刀具，其方法是将刀具右侧的两个紧固螺钉用随机附带的内六角扳手松开取出刀具，更换后重新用螺钉紧固。调节进给手轮，使切削刀具与矩形样条接触，按下铣缺口按钮，拧动进给手轮(进给手轮刻度每格 0.01mm)直至到达需要的进给深度。松开手轮，取下制作完成的试样，可继续下组试样的加工工作。在长时间不使用时应将压紧手轮和进给手轮松开，以避免长时间挤压弹簧，疲劳失效。

3）铣哑铃形及平面

先松开试样紧固手轮，用随机附带的内六角扳手松开调整块，把哑铃形靠模板放在夹具体底面并靠实，旋紧螺钉使调整块和靠模板固定后，放入试样，使之靠紧夹具体和限位螺钉，旋紧试样紧固手轮夹住试样。用随机附带的活扳手，分别调整紧定螺杆和进给螺杆，使靠模板和主轴上的轴承接触，并有一定的压紧力。

按下退回按钮使夹具体退回到左端，把吸尘器接好，用带毛刷的吸口对正铣刀，并使毛刷与轴承面轻轻接触，以免碎屑进入靠模板和轴承之间，影响加工质量。打开吸尘器，按下铣削按钮和进给按钮并调节调速按钮到适当速度。铣削开始，到达靠模板右端后，按动铣削按钮，使铣削停止，并按动停止按钮使进给停止，然后松开试样紧固手轮取下试样按下退回按钮，调节调速按钮到达最高速退回，以节省时间。把铣完的试样翻过，注意和下次铣削的方向一致，否则铣出的试样将出现错位现象。

重复以上步骤，加工完成试样。

加工平面只需翻过靠模板即可，如铣削更薄或更厚的试样可用垫铁来调整。

四、热固性塑料试样制备

1. 原料

酚醛、氨基热固性模塑料的粉、粒料或预铸件。

2. 设备和模具

（1）设备最好选用有两种闭模速度的液压机。快速闭模(如 150~300mm/s)，避免模塑料在闭模前开始固化。慢速闭模(如 5mm/s)，防止空气或气体包入材料中。

（2）模具选择钢制模具，可以是单模腔或多模腔，全压式或半全压式结构。模具应设有顶出销或活动底模，便于脱模。两块试样定型板，由金属板制成，其面积与试样相同，用于试样脱模后的冷却定型。

3. 热固性模压板材制备

（1）按表 18-3、表 18-4 和材料相关标准，确定模压温度、预热和模压时间、模压压力、冷却方式等。

表 18-4　部分热固性塑料的模压条件

项目和条件		酚醛模塑料		氨基模塑料		
		细粒	粗粒	脲醛树脂	三聚氰胺-甲醛	
					通用	食用
预处理	干燥	试样进行电性能测试				
	预压锭	允许	允许	允许	允许	允许
	高频预热	可以，并能改进性能，缩短固化时间				
	排气	允许	允许	允许	允许	允许
模压	温度/℃	160±2		150±2	150±2	160±2
	压力/MPa	25~40	40~60	20~40	20~40	20~40
	固化时间/(min/mm)	1		0.5~1.0		

(2) 调节模压温度，恒定温度，温差不超过±2℃。

(3) 用点温计测量模腔温度。

(4) 按试样体积称取所需的模压料量。

模压料量=试样体积×模制件密度(由生产者提供)+损耗(由以前的实验确定)

(5) 模塑料需预热，按要求进行预热。

(6) 装料。例如粉、粒料或预铸件加入模腔，合模，必要时排气。

(7) 加压。当压力达到规定值时，开动计时装置。

(8) 固化结束，卸压、脱模，立即取出试样并置于试样定型板上冷却。

(9) 检查模制件是否符合要求(充模情况、外观等)。

未经预热的材料，允许开模排气，对程序控制的压机，排气操作为自动进行。经过预热的材料一般不需排气，除非产品标准中有规定，但必须在实验报告中说明。

4. 从模压片上截取试样

从模压片压材上截取试样参照热固性塑料的相应标准进行，见热塑性塑料试样制备。

五、实验注意事项

万能制样机使用注意安全，使用前仔细阅读使用说明书，按照操作规程使用设备；机器在铣削试样后，应停车后才可以取出试样。

第五部分　性能测试

材料性能是指材料在一定条件下，实现预定目的或者规定用途的能力。任何材料都具有其特定的使用目的或者用途，为此需要不同的性能要求以及不同指标。高分子材料的性能很多，主要有力学性能、热性能、电性能、燃烧性能等，其测试有相应的国家标准。

实验十九　力学性能测试

在聚合物材料的所有性能中，力学性能是最重要的性能。因为实际上聚合物材料在所有的工作条件以及大多数最终使用的场合都要承受某种程度的力学负载，而力学性能的测试就是设法模拟实际的破坏情况而相应规定了几种不同的指标，如拉伸强度(模拟拉断)、弯曲强度(模拟弯断)、压缩强度(模拟压裂)、抗冲击强度(模拟撞断和摔碎)、疲劳强度(模拟多次反复的曲折或变形破坏)和硬度等。

高分子材料力学性能测试均应按国家现行有关标准的规定进行。

拉伸实验

一、实验目的

(1) 掌握测定聚合物材料的屈服强度、断裂强度和断裂伸长率的方法。

(2) 观察结晶性聚合物和非晶聚合物的应力-应变曲线特征。

(3) 了解测试条件对测试结果的影响。

二、实验原理

拉伸是在规定的实验温度、湿度与拉伸速度下，在试样上沿纵轴方向施加静态拉伸载荷，使试样产生形变直至材料断裂，这个过程可以通过压力传感器、形变测量装置以及计算机处理，记录试样在拉伸变形过程中最大负荷(应力)和对应变形(应变)之间的关系，并绘出应力-应变曲线。

拉伸实验是最常用的一种力学实验，由实验测定的应力-应变曲线，可以得出评价材料性能的屈服强度、断裂强度以及断裂伸长率等表征参数。不同的聚合物、不同的测定条件，测得的应力-应变曲线是不同的。

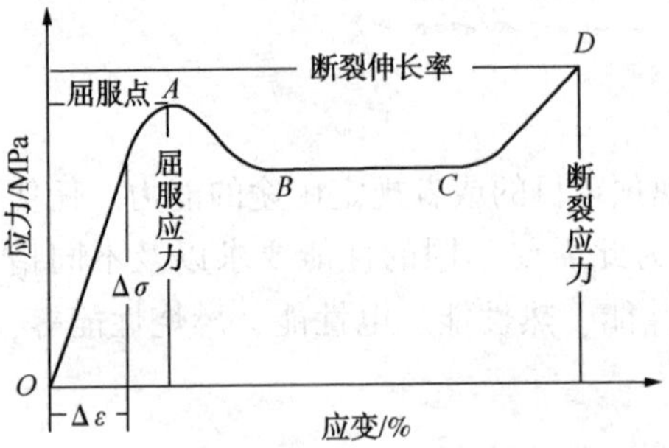

图 19-1　结晶性聚合物的应力-应变曲线

典型的结晶性聚合物应力-应变曲线如图 19-1 所示，曲线分为三个部分：

(1) *OA* 段为起始部分，近乎直线。*A* 为屈服点，*A* 点所对应力称为屈服应力或屈服强度。*A* 点前试样被均匀拉长，应变很小，而应力增加很快，呈普弹形变，服从虎克定律。

(2) *BC* 段为中间部分。到达屈服点 *A* 后，试样在某处出现一个或几个“细颈”现象，并向两端扩展，直至整个试样完全变细为止。此阶段应力几乎不变，而变形量却增加很多。

(3) *CD* 段是试样被均匀拉细后，再度变细即分子进一步取向，应力随应变的增加而增大，直到断裂点 *D*，试样被拉断，对应于 *D* 点的应力称为强度极限，是工程上重要指标，即拉伸强度或断裂强度。

无定型聚合物拉伸时曲线与结晶聚合物有相似的地方：

如果温度很低，远远低于玻璃化转变温度 T_g，应力和应变成正比，应变不到10%就会发生断裂。当温度升高，处于 T_g 以下，会出现类似结晶聚合物拉伸时的屈服点 *A*，应力在 *A* 达到极大值，该点的应力为屈服应力。过了屈服点，应力降低，但是应变会增加，由于温度不高，继续拉伸，试样会断裂。温度继续升高，如果不超过 T_g，曲线可以与结晶聚合物类似，屈服点以后，再被拉伸，从曲线上可以看出应力基本不变，而形变很大。这是由于在外力作用下，强迫大分子链运动，分子重新构象，而且运动的范围可以很大，大分子链沿外力作用方向可能被拉直。随着拉伸过程的进行，取向拉直的大分子链之间断裂的物理交联点逐步增加，若使材料再伸长，只有用更大的力才能使分子之间产生滑移，致使形变应力重新增加，曲线急转向上，直至材料断裂。断裂点的应力为断裂应力，对应的应变为断裂伸长率。

当试样在屈服点前断裂称为脆性断裂，过屈服点断裂称为韧性断裂。

高分子材料拉伸性能的影响因素主要有内因和外因。内因是指大分子链的主价链、分子间作用力、聚合物柔性等；外因指加工过程中的缺陷，例如内应力、龟裂、气泡等，以及环境温度、湿度、拉伸速度等。

三、实验仪器及试样

1. 实验仪器

UTM4103 电子万能试验机、游标卡尺等。

图 19-2 为电子万能试验机，该仪器适用于橡胶、塑料等变形较大的柔性材料的力学性能测试，并配备有专门用于测量试样变形用的大变形装置。试验机有自带传感器(5kN)和外接传感器(100N)两个。根据测定的试样使用不同的传感器。可以配备不同夹具，完成拉伸、压缩、弯曲、剪切、剥离、撕裂等力学性能的测试。UTM4103 电子万能试验机技术参数见表 19-1。

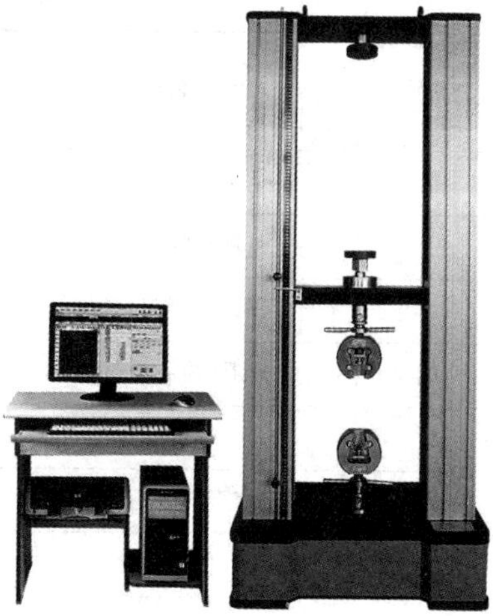

图 19-2　电子万能试验机

表 19-1　电子万能试验机技术参数

参数	指标	参数	指标
最大试验力范围	1~10kN	最大试验速度	500mm/min
精度等级	0.5 级	大变形测量范围	10~800mm
有效拉伸行程	900mm	大变形测量精度	±0.5%
位移分辨率	0.001mm	大变形测量分辨率	0.008mm

2. 拉伸试验试样

1）试样的类型和尺寸

塑料拉伸试验的试样可以分为以下几种类型。

(1) Ⅰ型试样：为硬质热塑性塑料和热塑性增强塑料，一般采用注射成型和模压成型制备，也可以利用硬质热塑(固)性塑料板进行机械加工而成，其形状为哑铃形，尺寸和形状见图 19-3 和表 19-2。

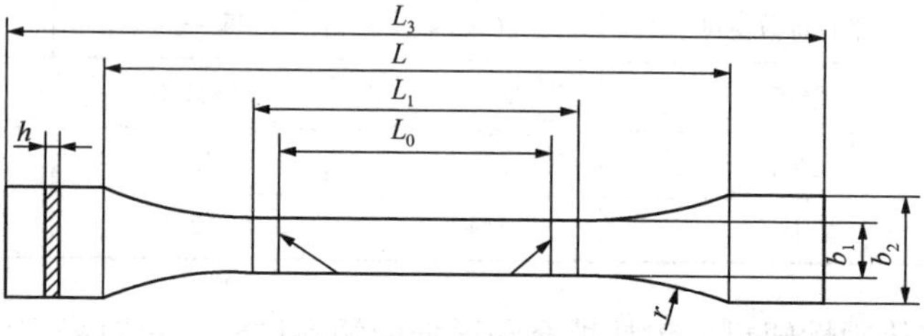

图 19-3　Ⅰ型试样的形状

表 19-2　Ⅰ型试样的尺寸

符号	名称	尺寸/mm	
		机加工	模塑
L_3	总长	≥150	≥150
L	夹具间的初始距离	115±1.0	115±1.0
L_1	窄平行部分长度	60.0±0.5	80.0±0.5
L_0	标距(或有效部分)	50±0.5	50±0.5
b_2	端部宽度	20±0.2	20±0.2
b_1	窄平行部分宽度	10±0.2	10±0.2
h	优选厚度	4.0±0.2	4.0±0.2
r	半径	≥60	20~25

（2）Ⅱ型试样：为薄膜和薄片，一般厚度比较小。优选宽度为 10~25mm，长度不小于 150mm 的长条试样，试样中部有 50mm 的两条平行标线。当测试材料规范或常规质量控制试验有规定时，可以选用表 19-3 规定的尺寸，如表中薄膜和薄片、软片、硬片；图 19-4、图 19-5 为薄膜和薄片、软片规定的形状，硬片的尺寸和形状与Ⅰ型试样的尺寸形状相似。

表 19-3　Ⅱ型试样的尺寸

符号	名称	尺寸/mm		
		薄膜和薄片	软片	硬片
L_3	总长	≥115	152	≥150
L	夹具间的初始距离	80±5.0	98	115±5
L_1	窄平行部分长度	33±2.0	—	60±0.5
L_0	标距	25±0.25	50±0.5	50±0.5
b_2	端部宽度	25±1.0	38	20±0.5
b_1	窄平行部分宽度	6±0.4	25.4±0.1	10±0.2
h	厚度	≤1.0		
r_2	大半径	25±2.0	25.4	半径 r 60±0.5
r_1	小半径	14±1.0	22	

此外还有热固性塑料，包括填充和增强的塑料试样，一般采用注射成型和模压成型制备，该试验不做详细阐述。

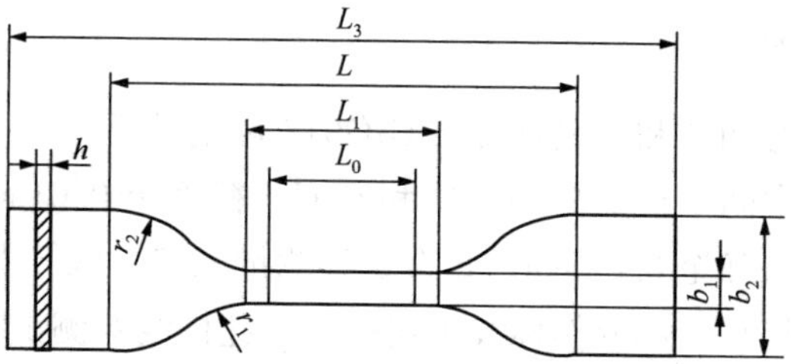

图 19-4　Ⅱ型试样的形状（薄膜和薄片）

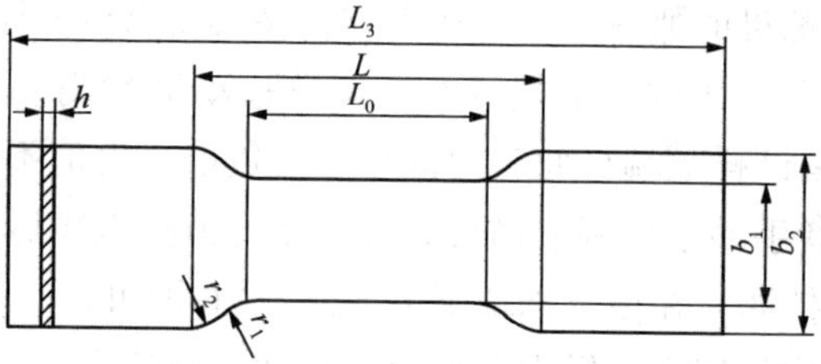

图 19-5　Ⅱ型试样的尺寸（软片）

2）拉伸试样的要求

拉伸试样无论采用何种方式制备，其要求如下：

（1）试样制备和外观检查，严格按照标准规定进行。

（2）试样厚度除规定外，板材厚度 $h \leqslant 10$mm，可用原厚为试样的厚度；当 $h>10$mm时，应从两面等量机械加工至 10mm，或按照产品标准规定加工。

（3）每组试样不少于 5 个，如果需要精密度比较高的平均值，试样可以多于 5 个。

（4）不同的材料由于尺寸效应不同，故应尽量减少缺陷和结构不均匀性对测定结果的影响，按表 19-4 选用国家标准规定的拉伸试样类型以及相应的实验速度。

表 19-4　拉伸试样类型以及相应实验速度

试样类型		实验速度
Ⅰ型	注射或模压成型	A、B、C、D、E、F、G、H、J
	机械加工	
Ⅱ型	薄膜和薄片、软片、硬片	C、F、G、H、I、J

注：速度 A：（1 ± 20%）mm/min；速度 B：（2 ± 20%）mm/min；速度 C：（5 ± 20%）mm/min；速度 D：（10±20%）mm/min；速度 E：（20 ± 10%）mm/min；速度 F：（50 ± 10%）mm/min；速度 G：（100±10%）mm/min；速度 H：（200 ± 10%）mm/min；速度 I：（300 ± 10%）mm/min；速度 J：（500±10%）mm/min　。

四、实验步骤

(1) 试样的状态调节和实验环境按 GB2918 规定进行。

(2) 测量试样中间平行部分的宽度和厚度，精确至 0.01mm。Ⅱ型试样中间平行部分的宽度，精确至 0.05mm。每个试样测量三点，取算术平均值。

(3) 在试样中间平行部分作标线示明标距，此标线对测试结果不应有影响。

(4) 夹具夹持试样时，要使试样纵轴与上、下夹具中心连线相重合，并且要松紧适宜，以防止试样滑脱或断在夹具内。注意不同的夹具操作不同。例如 20kN 楔形夹具，有螺母的那一个安装在下方，夹具要求试样厚度在 0~6mm。

① 固定试样时先夹住试样上端，然后调整移动横梁高度，夹住试样下端前必须力清零然后夹紧试样下端！此时力值显示为负值，力值不可以清零！可以直接进行下一步，或者手动慢慢调节横梁高度，使力值接近零后再进行下一步。

② 设定好限位挡圈，在横梁挡块下方 5mm 左右即可。

③ 做拉伸试验位移清零，做大变形时位移和变形清零。

(5) 按照表 19-4 选定实验速度，进行实验。

(6) 记录屈服时的负荷，或断裂负荷及标距间伸长。若试样断裂在中间平行部分之外时，此试样作废，另取试样补做。

五、结果计算和表示

1. 拉伸强度或断裂应力

计算公式如下：

$$\sigma_{断} = \frac{P}{b \times h}$$

式中 $\sigma_{断}$——拉伸强度或断裂应力，MPa；

P——最大破坏载荷，N；

b——试样宽度，mm；

h——试样厚度，mm。

2. 断裂伸长率 $\varepsilon_{断}$

计算公式如下：

$$\varepsilon_{断} = \frac{L}{L_0} \times 100\%$$

式中 $\varepsilon_{断}$——断裂伸长率；

L_0——试样标线间距离，mm；

L——试样断裂时标线间距离，mm。

六、实验注意事项

试验机为精密仪器，操作时要精力集中，认真负责，做好数据记录。

(1) 急停开关：当设备失控或出现其他紧急情况下，可快速按下急停开关，以防移动横梁上冲或下冲而损坏设备，此时电源指示灯将熄灭；按急停开关上箭头方向旋转急停开关，将解除急停状态，电源指示灯亮起，主机恢复正常工作状态。从急停状态到解除急停状态，其间隔不应少于 1min！

(2) 超载保护：当设备在试验过程中力传感器示值超过设备满量程的 10% 时，设备将自动停机。

(3) 限位保护装置：本机限位杆上配有上、下两个极限限位固定挡圈(不可调动)和两个可调动挡圈。本机试验基本都是在下空间进行的，所以上限位挡圈一般固定在最高位不用动。下限位挡圈根据试验不同再调整。在横梁移动过程中，横梁上的碰块在接触到挡圈后会继续移动 5mm 再停止移动。

(4) 在更换夹具后，首先要注意调整好挡圈位置，尤其在使用小力值传感器时，一定调整好可调挡圈位置，以免操作失误损坏传感器！

压缩实验

一、实验目的

(1) 熟悉和掌握测试高分子材料压缩性能的方法和原理。

(2) 了解影响聚合物的压缩性能的因素。

二、实验原理

同拉伸实验类似，高分子材料的压缩实验是在规定的实验温度与湿度下，把试样放在试验机的两压板之间，沿试样两个端面的主轴方向施加静态压缩载荷，使试样轴向方向缩短，径向方向增大，产生压缩变形，直至试样破裂或变形达到规定数值。通过负荷指示器、变形指示器以及计算机处理，测绘出试样的压缩负荷-变形曲线以及变形过程中的特征量，可以计算出压缩应力、压缩变形、压缩应变、压缩模量等。

(1) 压缩应力：压缩实验过程中的任一时刻，试样单位原始横截面积所承受的压缩负荷。

(2) 压缩变形：由压缩负荷引起的试样高度的改变量。

(3) 压缩屈服应力：在压缩实验的负荷-变形曲线上第一次出现的应变或变

形增加而负荷不增大的压应力值。

(4) 压缩强度：在压缩实验过程中，试样所承受的最大压缩应力。

(5) 压缩模量：在应力-应变曲线的线性范围内，压缩应力与压缩应变之比。

在压缩实验中，影响高分子材料压缩性能的因素主要为试样的尺寸、实验速度等。

三、实验仪器及试样

1. 实验仪器

UTM4103 电子万能试验机(见拉伸实验)，根据需要更换夹具。

2. 试样

压缩试样可以采用注射成型、模压成型制作或机械加工制备，其形状为正方柱体、矩形柱体或圆柱体等，试样各处高度相差不大于 0.1mm，两端面与主轴必须垂直，其尺寸要求见表 19-5。

表 19-5 压缩标准试样的形状及尺寸 mm

尺寸	高	横截面边长 a	横截面边长 b	圆柱体直径	圆管内径 d_1	圆管外径 d_2
圆柱体	30			12±0.01		
正方柱体	30	10.4±0.2	10.4±0.2			
矩形柱体	30	15±0.2	10.4±0.2			
圆管柱体	32				8±0.01	12±0.01

要求：试样所有表面均应无可见裂纹、刮痕或其他可能影响结果的缺陷；各向同性材料每组试样至少 5 个；各向异性材料每组取 10 个试样，垂直于和平行于各向异性的主轴方向各取 5 个试样。

四、实验步骤

(1) 试样应按标准要求进行状态调节，也可以按照其他标准实验。

(2) 沿试样高度方向测量，不同处测量 3 次计算平均值，精度到 0.01mm。

(3) 将试样放在两压板之间，试样中心线与两压板中心连线重合，确保试样端面与压板表面平行。调整试验机，使压板表面恰好与试样端面接触，并把此时定为测定形变的零点。

(4) 根据材料的规定实验速度进行调整，如果没有特殊规定，则调整速度(1±50%)mm/min，易变形的材料可以采用较高速度：(2±20%)mm/min、(5±20%)mm/min、(10±20%)mm/min。

五、结果计算和表示

1. 压缩强度

压缩强度按照下面公式进行计算：

$$\sigma = \frac{P}{F}$$

式中 σ——压缩屈服应力(或压缩强度)，MPa；

P——压缩负荷，N；

F——试样原始横截面积，mm^2。

2. 压缩应变

试样的压缩形变除以试样的原始高度，即单位原始高度的试样压缩应变量，按下式计算：

$$\varepsilon = \frac{\Delta h}{h_0}$$

式中 ε——试样的压缩应变；

Δh——试样的压缩形变，mm；

h_0——试样的原始高度，mm。

3. 压缩模量

压缩模量的计算公式如下：

$$E = \frac{\sigma}{\varepsilon}$$

式中 E——试样的压缩模量，MPa。

六、实验注意事项

见拉伸实验。

弯曲实验

一、实验目的

(1) 掌握测定脆性及非脆性材料弯曲强度的方法和原理。

(2) 了解聚合物弯曲强度的影响因素。

二、实验原理

弯曲性能测试主要用来检验材料在经受弯曲负荷作用时的性能，生产中常用弯曲实验来评定材料的弯曲强度和塑性变形的大小。尤其是对于托架这样的产品，制品经常受到弯曲的作用力，弯曲强度为质量控制和应用设计的重要参考指标。

本实验对试样施加静态三点式弯曲负荷，通过压力传感器、负荷及变形指示器，测定试样在弯曲变形过程中的特征量，如弯曲过程中任何时刻跨度中心处截面上的最大外层纤维正应力(弯曲应力)、当挠度等于规定值时的弯曲应力(定挠度时弯曲应力)、在定挠度前或之时破断瞬间所达到的弯曲应力(弯曲破坏应力)、在规定挠度前或之时负荷达到最大值时的弯曲应力(弯曲强度、最大负荷时的弯曲应力)、超过定挠度时负荷达到最大值时的弯曲应力(表观弯曲强度)。

三、实验仪器及试样、实验条件

1. 实验仪器

UTM4103 电子万能试验机(见拉伸实验)，游标卡尺等。

2. 试样

(1) 标准试样：长度为80_{0}^{+20}mm，宽度为(10±0.5)mm，厚度为(4±0.2)mm。

(2) 非标准试样：当不可能使用标准试样时，试样必须符合下列规定，试样的长度为厚度的 20 倍以上，试样的宽度从表 19-6 中选定。

表 19-6 非标准试样尺寸

mm

试样厚度 h	宽度 b	试样厚度 h	宽度 b	试样厚度 h	宽度 b
$1<h\leqslant3$	25±0.5	$5<h\leqslant10$	15±0.5	$20<h\leqslant35$	35±0.5
$3<h\leqslant5$	10±0.5	$10<h\leqslant20$	20±0.5	$35<h\leqslant50$	50±0.5

注：材料为热塑性模塑和挤塑料以及热固性板材，每组试样不少于 5 个，如果需要精密度比较高的平均值，试样可以多于 5 个。

3. 试验条件

按国家相应标准，实验条件如下：

(1) 实验跨度：$L=(16\pm1)h$，跨度测量准确至 0.5%以内。

(2) 实验速度调节：

标准试样：厚度在 1～3.5mm 之间的试样用最低速度(1±20%)mm/min，其他试验速度(mm/min)推荐为：2±20%、5±20%、10±20%、20±10%、50±10%、1000±10%、200±10%、500±10%。按照上述推荐的标准试样，试验速度可以选择(2±20%)mm/min。

非标准试样的实验速度按下式计算：

$$V=\frac{S_{\mathrm{r}}\times L^{2}}{6h}\left(1+\frac{4h^{2}}{L^{2}}\right)$$

式中 V——实验速度，mm/min；

S_{r}——应变速率，0.01/min；

L——跨度，mm；

h——试样厚度，mm。

(3) 规定挠度为试样厚度的 1.5 倍或之前出现断裂时，试样跨度中心的底面偏离原始位置的距离。

四、实验步骤

(1) 按规定要求调节实验环境和处理试样。

(2)测量试样中间部分的宽度和厚度。宽度测量准确到 0.05mm，厚度测量准确到 0.01mm，测量三点取其算术平均值。

(3) 根据试样断裂的负荷选择负荷范围。

(4) 根据厚度选择跨度、速度和压头。

(5) 将试样放于支座上，若一面加工的试样，将加工面朝向压头，压头与试样应是线接触，并保证与试样宽度的接触线垂直于试样长度方向。

(6) 开动试验机，加载并记录下列数值：

① 在规定挠度前或之时出现断裂的材料，记录断裂弯曲负荷值。

② 出现最大负荷时，记录最大负荷值。

③ 在达到规定挠度时，不断裂的材料测定规定挠度时的弯曲负荷值。

凡试样断裂在实验跨度三等分中间部分以外的数值应作废，另补试样实验。

五、结果计算和表示

弯曲应力(或弯曲强度)σ 按下式计算：

$$\sigma=\frac{3PL}{2bh^{2}}$$

式中 σ——弯曲应力(或弯曲强度)，MPa；

P——试样所承受的弯曲负荷，N；

L——试样跨度，mm；

b——试样宽度，mm；

h——试样厚度，mm。

六、实验注意事项

安装 10kN 三点弯曲实验装置：

（1）下跨距为试样厚度的 16 倍，例如：试样厚度为 4mm，两个下座分别调整到两边刻度为 64 的位置。

（2）先设置好限位保护，将下限位挡圈调整到希望压头达到的最低位置再放置试样。

（3）将试样平放到两个下支座的支辊上，不用让试样完全固定不动。

（4）将压头下降到离试样还有 2mm 左右空间时停止，不要接触试样表面，可以设置"入口力"2N 左右为试验开始点。

试验开始前全清零。

冲击实验

一、实验目的

（1）掌握高分子材料冲击性能测试的原理、方法及其操作过程。

（2）了解测试条件对实验测定结果的影响。

二、实验原理

材料的韧性一般采用冲击强度指标进行衡量。对硬质高分子材料试样施加一次冲击负荷使试样破坏，记录下试样破坏时或过程中单位试样截面积所吸收的能量，来衡量材料冲击韧性，即冲击强度。根据实验中试样受力形式和冲击物的几何形状，板、条试样的冲击实验方法可分为简支梁冲击实验、悬臂梁冲击实验和落锤式冲击实验；薄片和薄膜试样的冲击实验方法有抗摆锤冲击或自由落镖冲击实验。所有冲击实验均有国标，其试样应按规定，在(23±2)℃、常温下进行试样环境调节，调节时间不少于 4h。本实验主要内容为简支梁冲击实验和悬臂梁冲击实验。两种实验的试样形状和尺寸不同，试样放置位置不同，因而受摆锤冲击力状态不同。简支梁冲击实验试样两端固定，摆锤冲击试样中部，悬臂梁的试样一端固定，摆锤冲击试样自由端，属于两种不同的测试冲击强度的方法，两种结果不可以进行比较。如图 19-6 所示冲击试验机工作原理示意，摆锤从垂直位置挂于机架的扬臂上以后，此时扬角为 α，它便获得了一定的位能，如任其自由落下，则此位能转化为动能，将试样冲断，冲断以后，摆锤以剩余能量升到某一高度，升角为 β。在整个冲击实验中，按照能量守恒的关系可写出下式：

$$A = m(H_0 - H_1) = mL(\cos\beta - \cos\alpha)$$

式中　A——冲断试样所消耗的功，J；

m——冲锤质量，kg；

α——冲锤冲前之扬角；

β——冲锤冲断试样后之升角；

L——冲锤摆长，m。

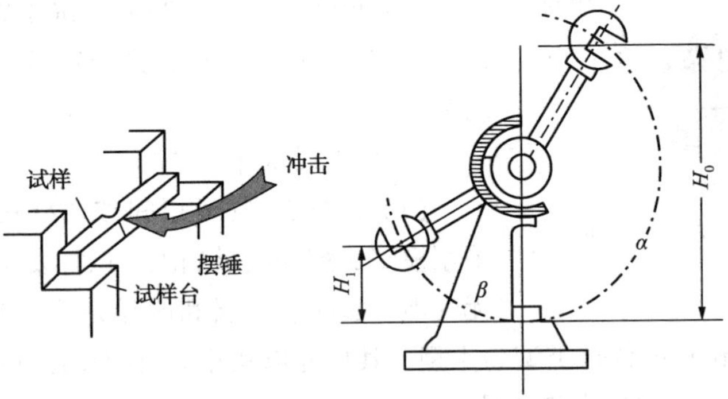

图 19-6　冲击试验机工作原理

将此功除以试样的横截面积，即为材料的冲击强度。简支梁和悬臂梁分别配有不同能量的冲击重锤，如表 19-7 所示，摆锤的选取根据试样用材料，摆锤的安装和调换见相关说明书。

表 19-7　冲击试验机的主要技术参数

实验类型	简支梁	悬臂梁
冲击能量/J	1、2、4、5、7.5、15、25、50	1、2.75、5.5、11、22
冲击速度/(m/s)	2.9、3.8	3.5
钳口支距/mm	40、60、70、95	
冲击刀刃至钳口上平面距离/mm		22
摆锤扬角/(°)	160	160

三、实验仪器及试样

1. 实验仪器

实验采用 XJ-50D 液晶式悬简组合冲击试验机，如图 19-7 所示。该试验机用于硬质塑料、纤维增强、尼龙、玻璃钢、陶瓷、铸石、塑料电器、绝缘材料等非金属材料的简支梁冲击实验和悬臂梁冲击实验，可以测定两种冲击强度。试验机由机体、钳口(由固定在机体上的简支梁钳口和可移动的悬臂梁钳口组成)、

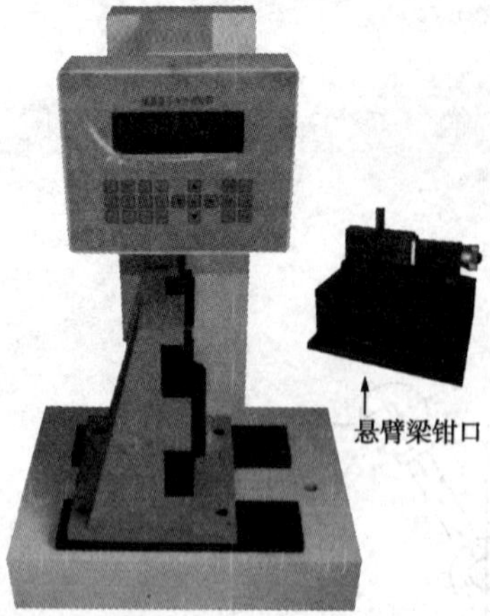

图 19-7　冲击试验机

冲击摆捶(共8种锤可产生12种冲击能量)和操作面板组成。主要技术参数见表19-7。

2. 试样

测试冲击强度用的试样可以采用注射机直接注射成型，也可以用板材利用万能制样机制样。注意二者实验结果不能进行比较。GB/T1843—2008、GB/T1043—2008规定悬臂梁冲击实验和简支梁冲击实验的试样的要求，二者略有不同。

1）简支梁试样

(1）试样类型(无层间破坏材料)。试样可以采用模塑成型和板材加工，试样要求表面应平整、无气泡、裂纹、分层和明显杂质。缺口试样缺口处应无毛刺。试样的优选类型为Ⅰ型，其尺寸以及相对应的支撑线间的距离见表19-8，类型Ⅱ、Ⅲ和Ⅳ为参考尺寸。

表 19-8　试样类型和尺寸以及相应的支撑线间的距离　　mm

试样类型	长度 l	宽度 b	厚度 h	支撑线间距离 L
Ⅰ	80±2	10. 0±0. 5	4. 0±0. 2	60
Ⅱ	50±1	6±0. 2	4±0. 2	40
Ⅲ	120±2	15±0. 5	10±0. 5	70
Ⅳ	125±2	13±0. 5	13±0. 5	95

试样的缺口类型和缺口尺寸见表19-9和图19-8，缺口位于试样中心，优选的缺口类型为A型。对于大多数无缺口或A型单缺口试样，宜采用侧向冲击，见图19-9。

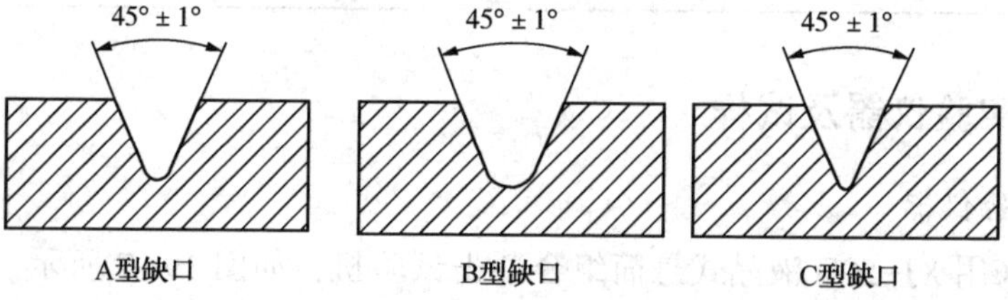

图 19-8　缺口类型

表 19-8　试样类型及缺口尺寸

mm

试样类型 I	冲击方向	缺口类型	缺口底部半径 r	缺口底部剩余宽度 b_N
长 l=80±2 宽 b=10.0±0.2 厚 h=4.0±0.2 支撑线间距离 L=60	侧向冲击	无缺口	—	—
		A	0.25±0.05	8.0±0.2
		B	1.00±0.05	8.0±0.2
		C	0.1±0.02	8.0±0.2

（2）试样制备。利用注射机以及样条模具进行冲击强度标准试样的制备，要求按照测试材料的产品标准规定进行制备。模具按照表 19-9 的 I 型试样尺寸设计。板材试样是将板材进行机械加工制备，有缺口的试样应尽可能采用 A 型缺口的 I 型试样。无缺口试样的机加工面不应面朝冲锤。各向异性的板材需从板材的纵横两个方向各取一组试样。试样缺口可在铣床、刨床或专用缺口加工机上加工。加工刀具应无倾角，工作后角为 150°～200°。推荐刀尖线速度约为 90～185mm/min，进给速率为 10～130mm/min。检查刀具的锐度，如果刀尖半径和形状不在规定的范围内，要及时更换刀具。板材试样优选厚度为 4mm，如果试样由板材或构件切取，其厚度应为板材或构件的原厚，最大为 10.2mm。厚度大于 10.2mm 的制品，试样应单面加工到(10±0.2)mm。

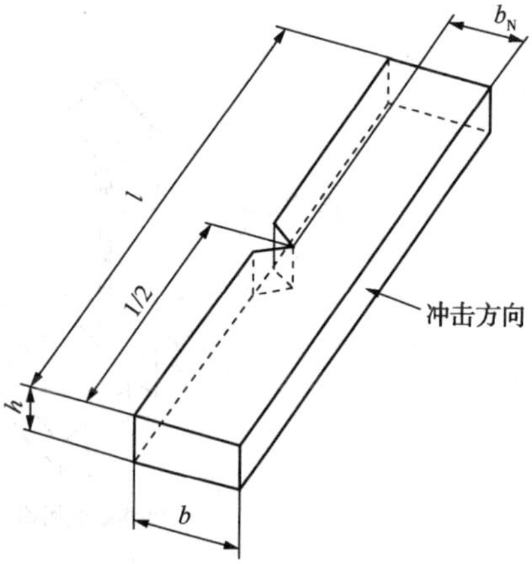

图 19-9　单缺口试样的简支梁侧向冲击

2）悬臂梁试样

（1）试样类型。模塑试样，悬臂梁采用的试样尺寸见表 19-10，应采用 A 型或 B 型缺口，如图 19-10 所示，优选缺口为 A 型。悬臂梁冲击实验冲击方向，通常采用“侧向平行”，见图 19-11(a)，当厚度与宽度相同时，平行和垂直都有可能。

表 19-10　试样类型及缺口尺寸

mm

试样类型 I	缺口类型	缺口底部半径 r_N	缺口底部的剩余宽度 b_N
长 L=80±0.2 宽 b=10.0±0.2 厚 h=4.0±0.2	无缺口	—	—
	A	0.25±0.05	8.0±0.2
	B	1.00±0.05	8.0±0.2

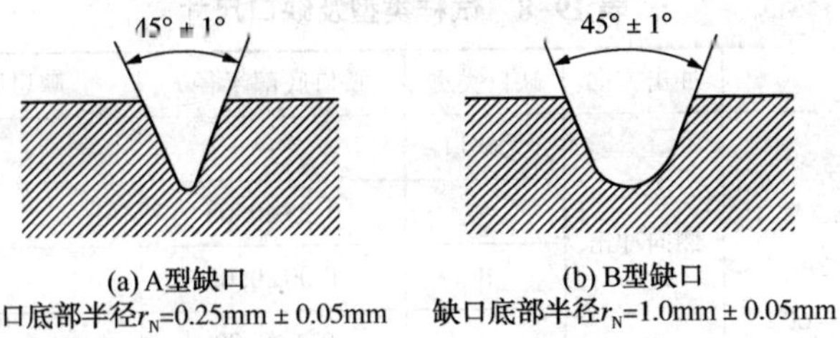

图 19-10　缺口半径

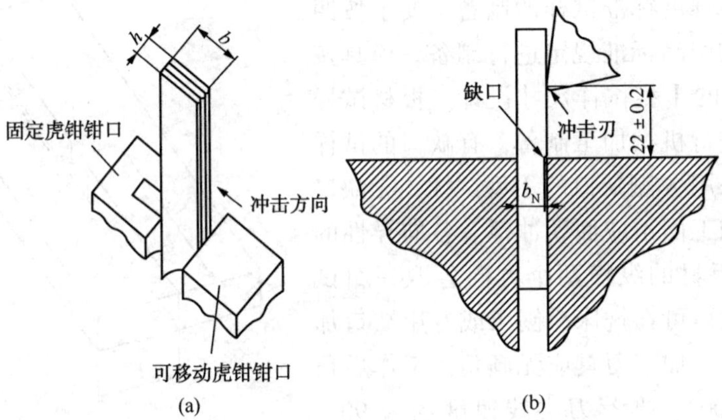

图 19-11　夹具、试样(缺口)和冲击刃冲击示意图

板材推荐的厚度为 4mm，如果试样是从板材或者构件上切取升温，其厚度与板材或构件原厚相同，最多不超过 10.2mm。当厚度大于 10.2mm 时，则从板材一面机加工到 10.2mm±0.2mm。

（2）试样制备。模塑试样制备应按用国标或材料有关规范制备试样。板材用机械加工制备试样应尽可能采用 A 型缺口的试样。无缺口试样的机加工面不应面朝冲锤。各向异性的板材需从板材的纵横两个方向各取一组试样。试样缺口可在铣床、刨床或专用缺口加工机上加工，方法见简支梁板材缺口加工。

四、实验步骤

1. 简支梁冲击实验

（1）测量试样尺寸：对于无缺口试样，分别测量试样中部边缘和试样端部中心位置的宽度和厚度，并取其平均值为试样的宽度和厚度，准确至 0.02mm。缺口试样应测量缺口处的剩余宽度 b_N，测量时应在缺口两端各测一次，取其算术平均值，并按照要求输入试验机。

（2）选择钳口和摆锤：简支梁直接利用机器上的钳口，根据试样的冲击韧性选用适当的摆锤。所选用的摆锤应使试样断裂所消耗的能量在摆锤标称能量的10%~80%范围内。符合要求的摆锤不止一个时，应使用能量最大的摆锤。

（3）抬起并锁住摆锤，把试样按规定放置在两支撑块上，试样支撑面紧贴在支撑块上，使冲击刀刃对准试样中心，缺口试样刀刃对准缺口背向的中心位置。

（4）平稳释放摆锤，并读取试样吸收的冲击能量。

（5）对于模塑材料，用下列代号字母命名四种形式的破坏：C 完全破坏；H 铰链破坏；P 部分破坏；N 不破坏。试样无破坏的冲击值应不作取值，实验记录为不破坏或 NB，试样完全破坏或部分破坏的可以取值。

2. 悬臂梁冲击实验

（1）测量试样尺寸：测量每个试样中部的厚度和宽度或缺口试样的剩余宽度 b_N，精确到 0.02mm，并按照要求输入试验机。

（2）选择钳口和摆锤：悬臂梁需将其钳口放在简支梁钳口中间，并固定螺栓和定位销。根据试样的冲击韧性选用适当的摆锤。所选用的摆锤应使试样断裂所消耗的能量在摆锤总能量的 10%~80%范围内。注意：如果事先不能大致确定能量范围，应首先选用大能量锤。

（3）抬起并锁住摆锤，把试样放在虎钳中，可以采用通常的侧向平行冲击，测定缺口试样时，缺口应在摆锤冲击刃的一边，见图 19-11。

（4）释放摆锤，并记录试样所吸收的冲击能，并对其摩擦损失等进行修正。

（5）试样可能会有四种破坏类型(与简支梁实验相同)。

五、实验结果

1. 简支梁实验结果计算和表示

（1）无缺口试样简支梁冲击强度 α_{cU}(kJ/m^2)

$$\alpha_{cU} = \frac{A}{b \times h} \times 10^3$$

式中 A——试样破坏时吸收的能量，J；

b——试样宽度，mm；

h——试样厚度，mm。

（2）缺口试样简支梁冲击强度 α_{cN}(kJ/m^2)

$$\alpha_{cN} = \frac{A_k}{h \times b_N}$$

式中 A_k——试样破坏时吸收的能量，J；

b_N——剩余试样的宽度，mm。

2. 悬臂梁实验结果计算和表示

(1) 无缺口试样悬臂梁冲击强度 α_{iU}(kJ/m²)

$$\alpha_{iU} = \frac{W}{h \times b} \times 10^3$$

式中 W——破坏试样所吸收并经过修正后的能量，J；

h——试样厚度，mm；

b——试样宽度，mm。

(2) 缺口试样悬臂梁冲击强度 α_{iN}(kJ/m²)

$$\alpha_{iN} = \frac{W}{h \times b_N} \times 10^3$$

式中 W——破坏试样所吸收并经过修正后的能量，J；

b_N——试样缺口底部的剩余宽度，mm。

六、实验注意事项

(1) 使用前应检查试验机的摆杆、摆锤上的紧固螺钉是否松动，摆锤举起后，人体各部分都不要伸到重锤下面及摆锤起始处，冲击实验时注意避免样条碎块伤人。

(2) 为了使摆锤力矩和打击中心距不变，非必要时，严禁拆卸或更换摆锤上面的有关零件。

(3) 扳手柄时，用力适当，切忌过猛。

硬度实验

硬度是指材料抵抗其他较硬物体压入其表面的能力。材料的硬度与材料的力学性能，例如拉伸强度、弹性、磨耗等有一定的关系，而硬度的测定又相对简单，因此可以通过测量硬度间接了解材料的其他力学性能。

硬度测定值的大小不仅与材料性质有关，还取决于测定条件和方法。不同测定方法使用不同的测定条件，不同测定方法测定的硬度值不能相对比较。常用的测定高分子材料硬度的实验有：邵氏硬度、球压痕硬度、洛氏硬度和巴柯尔硬度实验。邵氏硬度实验分为邵氏 A 型、邵氏 C 型和邵氏 D 型实验。球压痕硬度实验适用于较硬的塑料。洛氏硬度实验主要用于柔软的弹性体和刚硬的塑料的硬度评价。巴柯尔硬度实验主要适用于玻璃钢板材和型材。针对给定的高分子材料，选取实验硬度的方法应依据该材料的相关标准或与提供材料者达成的约定而定。

该部分实验主要为橡胶邵氏硬度实验、塑料洛氏硬度实验。

橡胶邵氏硬度实验

邵氏硬度实验分为邵氏 A 型、邵氏 C 型和邵氏 D 型实验。邵氏 A 型适用于软质塑料及橡胶硬度的测定，邵氏 C 型和邵氏 D 型适用于较硬或硬质塑料和较硬硫化橡胶硬度的测定。

一、实验目的

（1）通过硬度测定实验，学生了解高分子材料邵氏硬度测定的不同方法及其原理。

（2）熟练使用邵氏硬度计测定橡胶硬度，认识影响硬度测定值精确度的因素。

二、实验原理

邵氏硬度计测定材料的硬度，其工作原理如图 19-12 所示，将规定形状的压针，在标准的弹簧压力下和规定的时间内，把压针压入试样，试样压入的深度转换为硬度值，表示该试样材料的邵氏硬度值。

一般情况下材料越硬反抗压针压入的力量越大，压针压入试样的表面越浅，而弹簧受力越大，金属轴上移越多，指示的硬度值越大；反之越小。

$$T = 2.5 - 0.025h$$

式中　2.5、0.025——仪器参数；

T——压针压入试样的深度，mm；

h——硬度值（表盘指示值）。

三、实验仪器和试样

1. 实验仪器

实验采用 LX-A 邵氏 A 型橡胶硬度计，该仪器可以手持，也可以安装在同型号定负荷测定架上，主要测定橡胶以及软质塑料，如图 19-13 所示。LX-A 邵氏 A 型橡胶硬度计的技术参数见表 19-11。

如图 19-13 所示，硬度计垂直安装在硬度计支架上，采用厚度均匀的玻璃片平放在试样平台上，在相应的重锤作用下使硬度计下压板与玻璃片完全接触，此时读数盘指针应指示“100”。当指针完全离开玻璃片时，指针应指示“0”。允许最大偏差为±1 个邵氏硬度值。如果指针没有按照指示，需要使用之前调整工作台平面的调节螺钉。

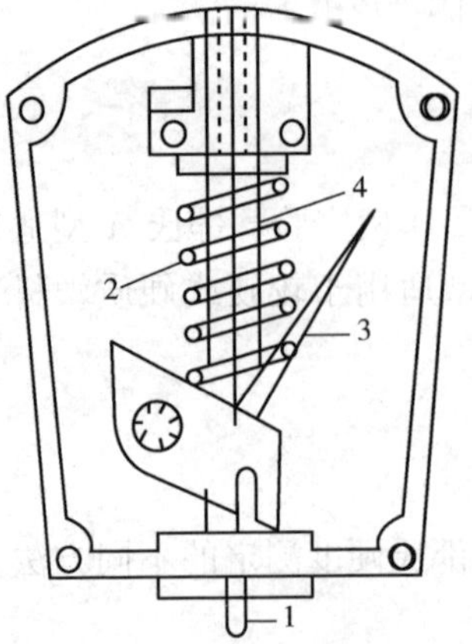

图 19-12 硬度计工作原理

1—压针；2—弹簧；

3—指针；4—金属轴

图 19-13 邵氏 A 型橡胶硬度计

表 19-11 橡胶硬度计技术参数

压针行程范围	0~2.5mm
刻度盘值	0~100
压针端部的力	0.55~8.05N(56~821g)

2. 实验试样

该实验主要用邵氏 A 型硬度计测定橡胶的硬度，实验试样要求：

(1) 试样表面应光滑平整，不应有缺胶、气泡、机械损伤及杂质等缺陷。

(2) 试样应厚度均匀，厚度至少 6mm，若试样厚度小于 6mm，可用不多于 3 层，每层厚度不小于 2mm 的光滑、平行试样叠加。

(3) 试样必须有足够的面积，保证每个测量点与试样边缘距离不小于 12mm，各测量点之间的距离不小于 6mm。试样可以加工成 50mm×50mm 的正方形或其他形状的试样。

(4) 每组试样测量点数不少于 5 个，可在一个或几个试样上进行。

(5) 在可能的情况下，试样在测试前应按照国标规定在实验室标准温度下进行调节。比对实验或系列实验必须在相同温度下进行。

四、实验步骤

(1) 按照相应国标规定调节实验环境并检查和处理试样。对于硬度与湿度无关的材料实验前，试样应在实验环境中至少放置 1h。

（2）把试样放在试样平台上，使压针头离试样边缘至少 12mm，平稳而无冲击地使硬度计在规定重锤的作用下压在试样上，从下压板与试样完全接触 15s 后立即读数。如果规定要瞬时读数，则在下压板与试样完全接触后 1s 内读数。

（3）在试样上相隔 6mm 以上的不同点处测量硬度 5 次，取其算术平均值。

注意：如果实验结果表明，不用硬度计支架和重锤也能得到重复性较好的结果，也可以用手压紧硬度计直接在试样上测量硬度。

五、实验结果表示

实验结果采用硬度值来表示。从读数度盘上读取的分度值即为所测定的邵氏硬度值。用符号 HA 表示邵氏 A 型，例如：用邵氏 A 型硬度计测得硬度值为 50 则表示为 HA50。实验结果以一组试样的算术平均值表示。

塑料洛氏硬度实验

一、实验目的

（1）通过硬度测定实验，了解高分子材料洛氏硬度测定的方法及其原理。

（2）熟练使用洛氏硬度计测定塑料硬度，认识影响硬度测定值精确度的因素。

二、实验原理

塑料洛氏硬度实验法是用一定直径的球压头，在初试验力 P_0 和主试验力 P_1 先后作用下压入试件，在总试验力 $P(=P_0+P_1)$ 作用后，保持一定的时间，卸除主试验力，保留初试验力时的压入深度 h_1 与在初试验力作用下的压入深度 h_0 之差 e 来表示压痕深度的永久增量。每压入 0.002mm 为一个塑料洛氏硬度单位。

塑料洛氏硬度计算公式：

$$HR = 130 - \frac{e}{0.002}$$

三、实验仪器和试样

1. 实验仪器

XHR-150D 型塑料洛氏硬度计采用自动加卸试验力机构，装有可调总试验力保持时间装置，试验力变换由变荷手轮的旋转而获得，如图 19-14所示。主要技术参数见表 19-12。

表 19-12 塑料洛氏硬度计主要技术参数

标尺符号	钢球压头直径/mm	初试验力/N	总试验力/N	标准硬度块硬度范围及硬度计示值允差
HRE	3.175	98.07 ±2.0%	980.7±1.0%	(70~94)±2.0HRE
HRL	6.35		588.4±1.0%	(100~120)±1.2HRL
HRM	6.35		980.7±1.0%	(85~110)±1.5HRM
HRR	12.7		588.4±1.0%	(114~125)±1.2HRR

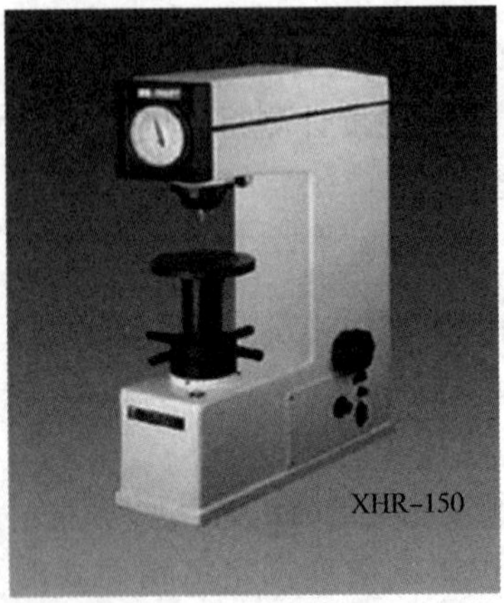

图 19-14 塑料洛氏硬度计

2. 实验试样

(1) 试样厚度应均匀，表面光滑、平整，无气泡、无机械损伤及杂质，无显著的加工痕迹等。

(2) 试样厚度不应小于 6mm，试件的大小应保证在同一表面进行 5 个点的测试，每个测试点中心距及边缘距离不小于 1mm。

(3) 若试件无法得到所规定的最小厚度时，允许由同种材料的薄试件叠合组成，叠合面间紧密接触，不得被任何形状的表面缺陷分开。叠合数不得多于三层，其结果不能与非叠合试件进行比较。测试中的试件出现压痕裂纹或背面痕迹时，数据无效。

(4) 被测试件应稳定地放在试台上，实验过程中试件不得移动，并保证试验力能垂直施加于试件上。

(5) 根据试件的形状、大小选择合适的试台，试件若异形，则可根据具体的几何形状自行制造专用夹具，使硬度测试具有可靠的示值。被测试件为圆柱形时，必须使用"V"形试台。

(6) 采用非平面测试表面或其他形状时，试样尺寸由有关的产品标准另行规定。

四、实验步骤

1. 选择试台

根据试件的形状、大小选择合适的试台。清洁球压头表面污垢、油脂及氧化物。

2. 硬度计的操作

(1) 接通电源，打开船形开关。根据被测试件材料的软硬程度按表 19-12 选择标尺，顺时针转动变荷手轮，确定总试验力。应尽可能使塑料洛氏硬度处于50~115之间，少数材料不能处于此范围的不得超过125。如果一种材料用两种标尺进行测试时，所得值都处于限值时，则选用较小值的标尺。同种材料应选用统一标尺。

（2）球压头插入主轴杆孔内，贴紧支承面，将压头柄缺口平面对着螺钉，把压头紧固螺钉略为拧紧，然后将被测试件置于试台上。

（3）顺时针转动手轮，升降螺杆上升，应使试件缓慢无冲击地与压头接触，直至硬度计百分表小指针从黑点移到红点。与此同时长指针转过三圈垂直指向“30”处，此时已施加了98.07N初试验力，长指针偏移不得超过5个分度值。若超过此范围不得倒转，改换测点位置重做。

（4）转动硬度计指示计(表盘)，使指针对准“30”处。

（5）按触摸板“启动”键，电机开始运转，自动加主试验力。总试验力保持时间到，电机转动，自动卸除主试验力。

塑料洛氏硬度测试的总试验力保持时间为15s，时间的长短由触摸板上的上下键选择。再等15s，蜂鸣器声响，立即读取长指针指向的数值。

（6）塑料洛氏硬度示值的读取，应分别记录加主试验力后长指针通过“0”点的次数及卸除主试验力后长指针通过“0”点的次数并相减，按下面方法读取硬度示值：

① 差数是零，标尺读数加100为硬度值；

② 差数是1，标尺读数即为硬度值；

③ 差数是2，标尺读数减100为硬度值。

（7）反向旋转升降螺杆手柄，使试台下降，更换测试点，重复上述操作。在每个试件上的测试点不少于5点(第一点不算)。

五、注意事项

（1）选择实验部位时，应使两压痕中心距离小于10mm，压痕中心到试样边缘的距离不小于10mm。

（2）在每个试样上实验次数不小于3次，取其平均值。

（3）在施加初负荷时，工作台仅允许向上移动，直到初负荷施加完毕为止，不准中途退回再向上移动。如上升超过允许偏差量，则应下降工作台，重新找实验点。

（4）必须保证压痕深度在0.15~0.35mm的范围内。若不在规定范围内，应改变实验负荷。

实验二十　耐热性能测试

表示高分子材料热性能的参数有很多，例如热容(等容热容和等压热容)、热膨胀系数(线膨胀系数和体膨胀系数)、热传导(导热系数)、各种转变温度(如玻璃化转变温度、脆化温度、熔点、软化温度等)、耐热性(维卡软化点、负荷热变形温度、马丁耐热温度)。本实验主要内容为塑料耐热性能测试。

塑料耐热性能是指塑料的温度与热变形之间的关系，通过不同的方法测定其温度-应变曲线来研究材料的耐热性。耐热性的测试方法主要有维卡软化点、负荷热变形温度和马丁耐热三种，每种方法的测试规定了载荷的大小、加压方式、升温速率等，均是测定达到规定变形量时的温度。该温度只是在规定条件下的一种实验温度，作为产品质量控制的一个指标，并不代表实际使用温度，但是可以作为使用温度范围的参考值。

维卡软化点实验

一、实验目的

(1) 了解热塑性材料维卡软化点温度测定的基本原理。

(2) 掌握热塑性材料维卡软化点温度测定方法。

(3) 正确使用仪器。

二、实验原理

维卡软化点温度指在特定的均匀升温速度条件下，施加特定的负载后，横截面积 $1mm^2$ 平头针刺入塑料试样中 1mm 时的温度。

维卡软化点是评价聚合物高温变形趋势的一种方法，主要指无定型聚合物开始变软时的温度。它与聚合物相对分子质量大小有关，也与聚合物的结构、配方有关。

如图 20-1 所示，在盛有传热介质(硅油)的保温浴槽中放入支架，支架上可以放置被测试样，负载杆的末端固定压针，上部为变形测量装置(精度为 0.001mm 的百分表)以及砝码托盘。然后用选定的升温速度开始升温，用百分表读取针头垂直压入试样的深度，当该深度达到 1mm 时，读取此时的温度即为维卡软化点温度。

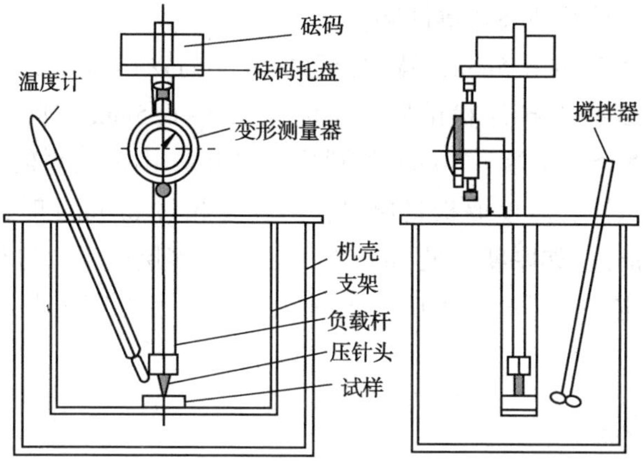

图 20-1　维卡软化点实验装置示意

三、实验仪器和试样

1. 实验仪器

WRB-300B 热变形、维卡软化点温度测定仪。

热变形、维卡软化点温度测定仪如图 20-2所示，该仪器主要用于非金属材料，包括塑料的热变形和维卡软化点测定。本机可以实时显示实验温度和温度-形变曲线，实验过程中，通过输入试样的尺寸，可自动计算出实验所需的负荷质量、上限温度、变形量，在使用范围内任意设定、误差通过软件自动修正。主要技术参数见表 20-1。

图 20-2　热变形、维卡软化点温度测定仪

表 20-1　主要技术参数

参数	指标	参数	指标
温度的控制和测量范围	室温~300℃	最大变形测量及最大误差	1mm±0.005mm
升温速率	120℃/h、50℃/h	热变形试验跨距可调范围	64mm、100mm
温度分辨率和最大误差	0.1℃	加热介质	甲基硅油
加热功率	3kW	电源	(220±10%)V，20A，50Hz

2. 实验试样

维卡软化温度测试的试样，其支撑面和侧面应平行，表面平整光滑，无气

泡，无锯齿痕迹、凹痕或飞边等缺陷。

试样厚度应为3.0~6.5mm，宽和长至少为10mm×10mm，或直径大于10mm。

维卡软化点试样选择片状试样，厚度在3.0~6.5mm之间，长和宽要大于10mm×10mm或直径大于等于10mm的圆片。如果采用模塑试样，其厚度为3.0~4mm。采用板材试样，厚度取板材原厚，但厚度超过6.5mm时，应在试样一面加工成3.0~6.5mm；如厚度不足3mm时，则可以多层叠合，但至多不超过3块叠合方能进行测定，总厚度在3.0~6.5mm之间，上片厚度至少为1.5mm。

每组试样为3个。

四、实验步骤

(1) 按照图20-1将维卡热变形测试的压针安装在试样架负载杆下端，开启试样架，放入试样，试样中心位置对准压针，放置距离试样边缘应大于3mm。后试样架推入，落下负载杆，降下试样架。

(2) 实验参数的设定：

① 升温速率：50℃/h。

② 负荷的加载：维卡实验有两种规定的负荷，即：A法：10N；B法：50N。本仪器负载杆、托盘和压头的总质量为76g。单击试样砝码质量，计算机自动计算试验所需负荷质量(kg)，将应加的砝码放在试样架的托盘中。

③ 试样的尺寸：试样的厚度(mm)。

④ 位移变形量：维卡试验的默认值为1.00mm。

(3) 试验架调零：以上信息输入后，即可对试验架调零，使传感器探头位置预留3~5mm，然后按传感器归零按钮进行探头位置归零处理。

(4) 实验开始：当以上工作正确以后，单击“实验开始(S)”按钮，系统将进入实验监控界面，开始实验，若操作不正确，系统将会有提示信息，需要用户重新输入，系统才会正常工作。当用户进入到实验监控界面后，实验正式开始，界面上将会有实验类型、初始温度、上限温度、升温速率、实际温度(实时显示的温度)。为了用户便于观察，在屏幕的右上角有明显的实际温度显示。当试样开始变形后，屏幕上的实际变形窗口的变形量也会变化，当变形量达到设定值后，会弹出一实际温度窗口，该温度值即是该试样的实际变形温度。当所有试样架都达到位移设定值时，系统自动停止加热，实验停止。

(5) 关闭仪器开关并断开加热电源，把试样从油浴箱中取出。

五、注意事项

(1) 在试样安装或取出时，注意不要将试样掉进油池内，若掉入，一定要取出后再进行实验。

(2) 仪器低于 150℃时用水冷却，高于 150℃时用气体冷却。使用冷却水降温后，一定要将冷却管内的水排尽或高压空气吹尽，否则会影响温度、变形曲线或实验温度。

(3) 实验人员在操作试验架升降的过程中，一定要注意上、下限位是否起作用，在限位不起作用时，应立即停机。

(4) 检测硅油液位高度，保证在规定液位高度范围。

(5) 仪器周围不能有明火。

(6) 实验结束后，一定要关闭电控箱的电源。

(7) 仪器应放在距离水源、电源较近的地方，以方便于冷却水及电源的控制，试样测试时关闭冷却水，并排空管道中的水。

(8) 保持主机清洁，实验完毕后要取出试样。

(9) 实验时注意打开主机箱的搅拌按钮。

六、思考题

(1) 升温速率快或者慢对结果有什么影响？为什么？

(2) 维卡软化温度和塑料的使用温度有什么关系？

负荷热变形实验

一、实验目的

(1) 了解高分子材料负荷热变形温度测定的基本原理。

(2) 掌握高分子材料负荷热变形温度测定方法。

(3) 正确使用仪器。

二、实验原理

负荷热变形温度是衡量高分子材料的耐热性的主要指标之一，而所测定的热变形温度，仅仅是该方法规定的载荷大小、施力方式、升温速率下到达规定的变形值的温度，而不是这种材料的使用温度上限。

如图 20-3 所示，把一个有一定尺寸要求的矩形试样，放在跨度为 100mm 的支座上，并在两支座的中心处，施加规定的负荷，形成三点式简支梁静弯曲，负荷力的大小，必须使试样形成规定的表面弯曲应力。把承受载荷的试样浸在导热的液体介质中，以恒定的升温速率升温，当试样中点的变形量达到与试样高度相对应的规定值时，就是材料负荷热变形温度。

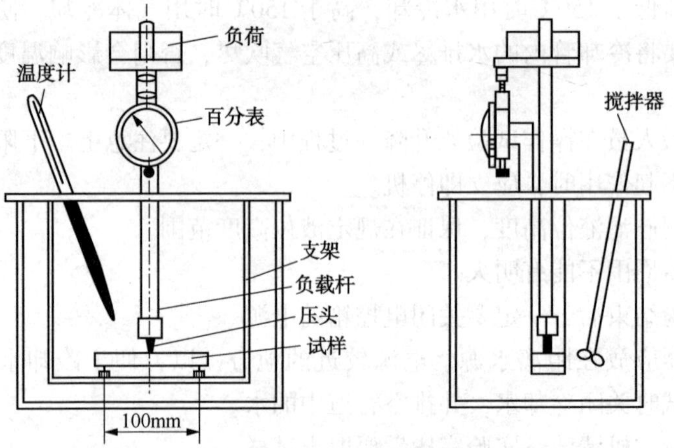

图 20-3　负荷热变形温度实验装置示意

三、实验仪器和试样

1. 实验仪器

WRB-300B 热变形、维卡软化点温度测定仪(见维卡软化点测定)。

2. 实验试样

试样为矩形，其尺寸规定如下：

(1) 模塑试样：长度 $L=120$mm，高度 $h=15$mm，宽度 $b=10$mm。

(2) 板材试样：长度 L=120mm，高度 $h=15$mm，宽度 $b=3\sim13$mm(取板材原厚度)。

(3) 特殊情况：可以用长度 $L=120$mm，高度 $h=9.8\sim15$mm，宽度 $b=3\sim13$mm，但中点弯曲变形量必须用表 20-2 中规定的值。

表 20-2　试样高度变化时相应变形量的变化　　mm

试样高度 h	相对变形量	试样高度 h	相对变形量	试样高度 h	相对变形量
9.8~9.8	0.33	11.5~11.9	0.28	13.8~14.1	0.23
10.0~10.3	0.32	12.0~12.3	0.27	14.2~14.6	0.22
10.4~10.6	0.31	12.4~12.7	0.26	14.7~15.0	0.21
10.7~10.9	0.30	12.8~13.2	0.25		
11.0~11.4	0.29	13.3~13.7	0.24		

试样应表面平整光滑，无气泡、无锯切痕迹、凹痕或飞边等缺陷。每组试样最少为 3 个。

四、实验步骤

（1）与维卡软化点测试试样安装方法类似，开启试样架，放入试样。后试样架推入，落下负载杆，降下试样架。

（2）实验参数的设定：

① 升温速率：120℃/h。

② 试样的尺寸：试样的长、宽、高(mm)。

③ 负荷的加载：

负荷的计算公式为：

$$F = \frac{2\sigma bd^2}{3L}$$

式中 F——所需的负荷力，N；

σ——标准规定的弯曲应力，即：A 法：1800kPa，B 法：450kPa；

b——试样宽度，m；

h——试样高度，m；

L——试验架两支点间的距离，即试验架跨距，m。

本仪器负载杆、托盘和压头的总质量为 76g。单击试样砝码质量，计算机自动计算实验所需负荷质量(kg)，将应加的砝码放在试样架的托盘中。

④ 位移变形量：根据试样的高度从表 20-2 进行选择。

（3）试样架调零：以上信息输入后，即可对试样架调零，使传感器探头位置预留 3~5mm，然后按传感器归零按钮进行探头位置归零处理。

（4）试验开始。当所有试样架都达到位移设定值时，系统自动停止加热，实验停止。

（5）关闭仪器开关并断开加热电源，把试样从油浴箱中取出。

五、注意事项

同维卡软化点实验。

六、思考题

（1）热变形温度和维卡软化点有什么区别？

（2）实验过程中热变形温度的影响因素有哪些？

实验二十一　电性能测试

高分子材料的电性能指标通常指介电常数、介电损耗、比体积电阻、比表面电阻、击穿电压等。

电性能的测试有着非常重要的实际意义。电工电子技术的发展，使高分子材料得到广泛应用，不同使用环境需要不同的要求，例如用作电容器的材料需要介电损耗尽量小而介电常数尽可能大的材料；仪器绝缘材料需要比电阻高、介电损耗低的绝缘材料；高频干燥、高频焊接、高频热处理的材料则需要介电损耗适当大一些；无线电遥控技术领域需要高频以至超高频的材料；而纺织与化工领域，为了消除静电，希望材料具有一定的导电性。因此电性能的测试是材料实际应用的重要保证，同时电性能的研究也给聚合物结构和分子运动的研究提供了有力的证据。

电阻系数实验

一、实验目的

（1）掌握高分子材料体积电阻系数和表面电阻系数的测定方法。

（2）掌握影响测定高分子材料的电阻系数的因素。

（3）了解高阻计的结构和操作。

二、实验原理

一般高分子材料的分子是由原子通过共价键连接而成，没有自由电子和可移动的离子，是一种比较理想的电绝缘材料，即使在恒定的外电压作用下，也没有电流通过。但实际上作为绝缘材料的高分子材料，总有微弱的导电性，这种导电性主要是由于聚合物的单体聚合过程以及加工过程引进各种杂质引起的。

在工程上，把施加在试样上两个电极的直流电压与电流的比值称为绝缘电阻。流经试样的电流可分为两个部分：一部分流经试样内部，称为体积电流；另一部分沿着试样表面传导，称为表面电流，再根据施加的电压，相应的可以得出体积电阻和表面电阻。

如图 21-1 所示为测定表面电阻和体积电阻的连接方式和高阻计原理。被测试样(图中网格线部分)与高阻抗直流放大器的输入电阻 R_0(倍率)串联，并跨接于由直流高压发生器产生的直流高压测试电源上。高阻抗直流放大器 P 将其输入电阻上的分压讯号经放大后输出至指示仪表 CB(显示系统)，由指示仪表直接读出被测绝缘电阻值。如下式：

$$U = U_R + U_0$$

$$U_R = I R_x$$

$$I = \frac{U_0}{R_0}$$

$$R_x = \frac{U_R}{I} = \frac{U - U_0}{\left(\frac{U_0}{R_0}\right)} = \left(\frac{U}{U_0} - 1\right) \times R_0$$

$$由 R_x \gg R_0 \quad 得到 U \gg U_0$$

$$则 R_x = \frac{U}{U_0} \times R_0$$

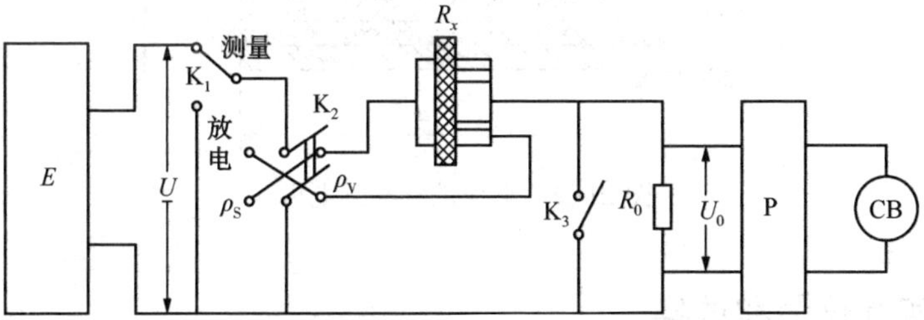

图 21-1　高阻计原理示意

E—高压电流电源；K_1—充放电开关；K_2—测定 ρ_V 和 ρ_S 开关；R_0—标准电阻；K_3—控制充电时间和讯号进入高阻计时间的短路开关；R_x—试样电阻；U—测试电压；U_0—R_0 上的电压降；P—放大器；CB—指标仪表

仪器的测试电压有一定的范围、倍率有不同档次、直流放大器有相应的度量(见表 21-1)，因此可以通过选择不同的输入电阻 R_0(倍率)来测量不同的电阻率 R_x。

从测得的试样的体积电阻和表面电阻，再根据电极形式和试样尺寸(见图 21-2)，可以得到体积电阻率和表面电阻率，即体积电阻系数“ρ_V”和表面电阻系数“ρ_S”。

$$\rho_V = R_V \frac{S}{d}$$

式中　ρ_V——体积电阻系数，Ω · cm；

R_V——体积电阻，Ω；

d——试样厚度，cm；

S——测量电极的面积，cm^2。

$$\rho_S = R_S \frac{2\pi}{\ln \frac{d_2}{d_1}}$$

式中 ρ_S——表面电阻系数，Ω；

R_S——表面电阻，Ω；

d_2——保护电极的内径，cm；

d_1——测量电极的直径，cm。

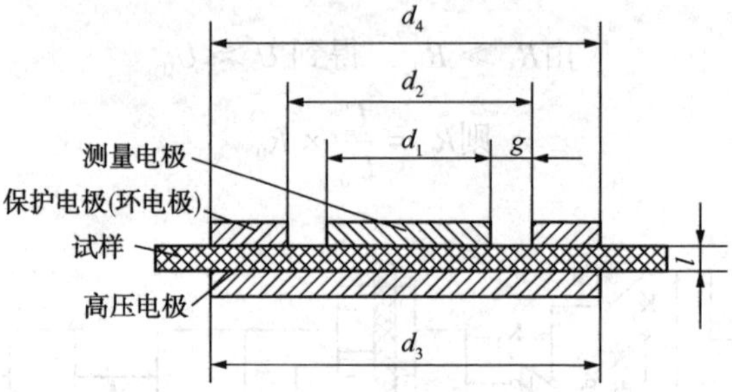

图 21-2　平板试样与三电极

三、实验仪器和试样

1. 实验仪器

实验采用 ZC36 高阻计，如图 21-1 和图 21-3 所示高阻计的原理图和面板图。仪器由三部分组成：电阻测试电源稳压器、多量程微电流放大器以及指示仪表。

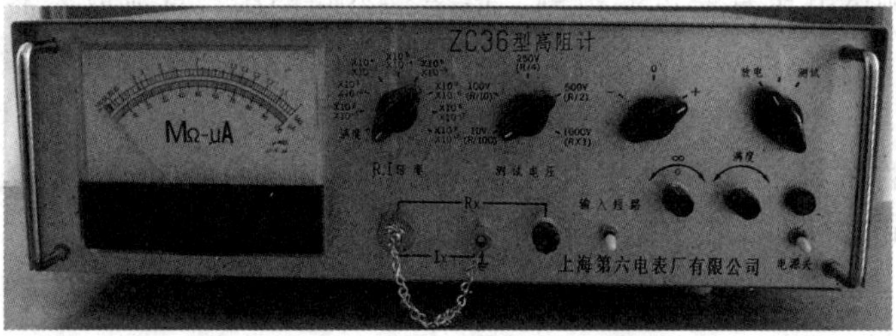

图 21-3　ZC36 高阻计面板

电阻测试电源稳压器，供给测量电阻时用的稳定电压。多量程微电流放大器，由微电流放大前置级及主放大线路组成。技术参数见表 21-1。

表 21-1　ZC36 高阻计技术参数

参数	指标	备注
额定电压/V	10、100、250、500、1000	±5%
电阻测量/Ω	$1\times10^{6}\sim1\times10^{17}$	±10%、±20%
微电流/A	$1\times10^{5}\sim1\times10^{14}$	±10%、±20%

2. 试样

试样形状一般采用圆形或方形，厚度不大于 4mm，一般为 1~2mm，圆形的直径为 100mm，方形边长 100mm×100mm。

四、实验步骤

1. 试样处理

（1）试样预先在温度（20±5）℃、相对湿度（65±5）%的条件下处理 24h。

（2）利用对试样无腐蚀作用的溶剂对试样进行清洁擦拭。

（3）测量试样厚度，在试样测量电极面积下，沿着直径测量至少 3 个点，计算平均值。厚度测量误差不大于 1%、厚度小于 0. 1mm 的试样，误差不大于 1μm。

2. 测试准备

（1）如图 21-3 所示为高阻计面板，使用前面板上的各开关位置见表 21-2。

表 21-2　使用高阻计前面板开关的位置

开关	位置	开关	位置
测试电压开关	“10V”	电源开关	“断”
倍率开关	$1\times10^{2}\Omega/1\times10^{-1}$A	输入短路开关	“短路”
放电-测试开关	“放电”	极性开关	“0”

（2）检查测试环境的温度和湿度是否在允许的范围内，尤其当环境湿度大于 80%以上时，会使测量出现较大的误差。

（3）接通交流电源，待稳压器进入工作状态，使电压为 220V 输出。

（4）认真检查室外接地线路。将仪器接地端导线与接地线路妥善连接。

（5）将仪器接通电源，合上电源开关，仪器指示灯亮。

（6）接通电源后预热 30min，将极性开关置于“+”处，此时如仪表指针偏离“∞/0”刻度，可慢调“∞/0”电位器，使指针置于“∞/0”不再变动。

（7）将倍率开关转至“满度”，输入短路开关拨向“开路”，此时仪表指针转向满度，如有偏离，可调节“满度”电位器使指针置于满度。

（8）倍率开关拨向“$\times10^{2}$”处，指针应指于“∞/0”刻度。如此反复检查并调节“∞/0”刻度及满度处，以保证仪器的测试精度。

3. 测试

(1) 将试样放入三个电极(测量电极、高压电极、保护电极)间，电极中心应与试样中心重合。

(2)“测试电压”开关置于选择的电压处。

(3)“放电-测试”开关置于“测试”处；输入短路开关置于“短路”处，经过15s 充电后，将输入短路开关拨上，进行读数。如果指针很快越出满度，应立即将输入开关“短路”，“放电-测试”开关置于放电位，待查明原因再行测试。

(4) 当输入短路开关拨上并读数时，示值很小，可将倍率开关升高一挡，重复上述操作，直至读数清晰。仪表的示值乘以倍率开关指示的倍率及测试电压开关指示的系数即为被测试样的电阻。

(5) 一个试样测出一种电阻(例如表面电阻)，即将“放电-测试”开关置于“放电”处，输入短路开关拨至“短路”处，经过大约 1min 后，使用转换开关重复上述操作，测试另一种电阻(例如体积电阻)或取出试样。

(6) 测试结束，电源开关置于“断”处，其他开关恢复使用前准备的位置(见表 21-2)，切断稳压器输入电源，实验结束。

五、实验结果

体积电阻率和表面电阻率按照相应的公式计算，实验结果以每次实验数值的算术平均值计算，并以带小数的个位数乘以 10 的几次方表示，取二位有效数字。

六、注意事项

(1) 由于温度和湿度对固体绝缘材料电阻率影响较大，材料的体积电阻随温度的改变而有所改变，表面电阻几乎随湿度的变化而立即变化，并且这种变化是指数级的，因此材料的电阻率实验必须在规定的温、湿度环境中进行，且试样测试前必须在这种条件下处理 24h 以上。

(2) 当电压加在两电极之间时，由于试样(介质)对电荷有吸收现象(充电)并随时间延长而渐趋一极限，所以读数时间应根据“电阻-时间”曲线来确定。通常读数时间规定为加上实验电压后 1min，对充电时间很长的材料酌情考虑延长。

(3) 由于绝缘材料在制造、加工和测试等过程中都会产生静电，影响测量准确性，因此在测量绝缘电阻时，试样要彻底“放电”。

(4) 测试时，人体不能接触电极、试样及其连接物，以防电击。

七、思考题

(1) 影响材料电阻率实验的因素有哪些?

(2) 用三电极测量平板试样，对试样和电极配置有什么要求和规定?

介电常数、介质损耗角正切实验

一、实验目的

(1) 了解不同高分子材料的介电常数和介电损耗特点。

(2) 掌握测试高分子材料介电常数和介电损耗的基本机理及方法。

(3) 正确使用仪器。

二、实验原理

介电常数(ε)是表征绝缘材料在交流电场下介质极化程度的一个参数，是介电材料的一个十分重要的性能指标。介电常数是充满此绝缘材料的电容量 C_x 与以真空为电介质时同样电极尺寸的电容器的电容量 C_{x0} 的比值。

电介质在交变电场中，由于消耗一部分电能，使介质本身发热，就称为介电损耗，常用介质损耗角正切 $\tan\delta$ 来衡量。它是指每周期内介质的损耗能量与贮存能量的比值。

测定介电常数和介电损耗的仪器和方法很多，例如西林电桥、变压器电桥、并联 T 形网络以及谐振法等。本实验采用谐振法，谐振法是在 10kHz~260MHz 的频率范围内使用。谐振法构成的测量仪器称为 Q 表，Q 表的工作原理是以 LC 谐振回路的谐振特性为基础进行测量的，其原理如图 21-4 所示，由高频信号发生器、LC 谐振回路、电压表和稳压电源组成。LC 谐振回路是由电感、电容及回路等效损耗电阻 R 组成。

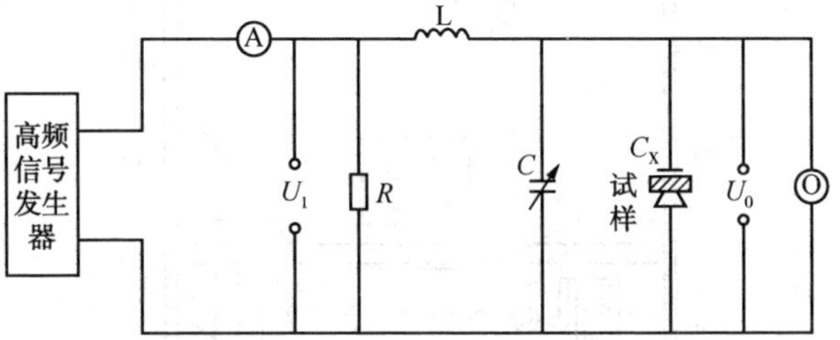

图 21-4　谐振法电路

当回路谐振时，谐振电压 U_0 比外加电压 U_1 高 Q 倍。本仪器将 U_1 调节在一定的数值，因此，可以从测量 U_0 的电压上直接读出 Q 值。Q 又称为品质因素。

不加试样时，回路的能量损耗小，Q 值很高；加了试样后，Q 值降低。分别测定不加与加试样的 Q 值(以 Q_1、Q_2表示)以及相应的谐振电容 C_1、C_2，则介电常数和介电损耗的计算公式如下：

$$\varepsilon = 14.4 \times \frac{h(C_1 - C_2)}{D^2}$$

式中 h——试样厚度，cm；

D——电极直径，cm；

C_1——不加试样的谐振电容，pF；

C_2——加了试样的谐振电容，pF。

$$\tan\delta = \frac{Q_1 - Q_2}{Q_1 Q_2} \times \frac{C_1}{C_1 - C_2}$$

式中 Q_1——不加试样的 Q 值；

Q_2——加了试样的 Q 值。

三、实验仪器和实验试样

1. 实验仪器

优值计(Q 表)，型号 AS2851，上海无线电仪器厂。

图 21-5 所示为优值计面板，各部分按钮功能见表 21-3。因为在高频段，谐振回路受杂散耦合等的影响较小，且比较符合电感、电容的实际工作情况，因此，Q 表在高频段测量结果比较准确，是测量高频元件的常用方法。

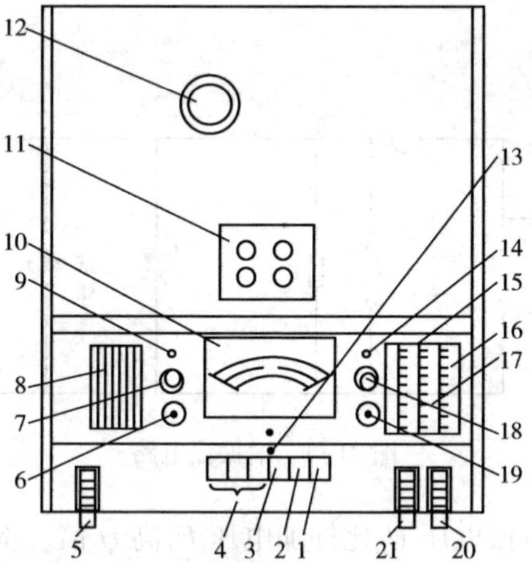

图 21-5 优值计面板

表 21-3　优值计面板各部分按钮功能

序号	按钮功能	序号	按钮功能
1	电源开关按钮，按下时电源关	12	波段开关，控制振荡器的频率范围
2	定位检查按钮，按下时表头作 ΔQ 定位表用	13	表头机械零点调节
3	ΔQ 指示按钮，按下时表头作 ΔQ 表用	14	定位点校准定位器
4	Q 值范围按钮(分 100、300、600 三挡按钮)	15	主测试回路电容刻度盘
5	频率转盘，调节可变电容器、控制讯号源的频率	16	微调电容 ΔC 刻度盘
6	Q 零位调电位器旋钮	17	电感 L 的刻度
7	Q 合格预置值调节旋钮	18	ΔQ 零位粗调电位器旋钮
8	频率刻度盘(共分七挡)	19	ΔQ 零位细调电位器旋钮
9	合格指示灯	20	ΔC 转盘，转动时改变 ΔC 值
10	表头，指示 Q 值、ΔQ 值，还指示定位	21	主电容 C 转盘，转动时改变 C 值
11	测试回路接线柱		

2. 实验试样

试样采用圆片状，圆片直径 Φ50mm、100mm，厚度 1～2mm，每组不少于 3 个。材料可以选用聚丙烯、聚碳酸酯。

四、实验步骤

(1) 选择适当电感量的线圈接在 L 接线柱上，本实验选用标准电感 LK-9（$L=100\mu m$，$C_0=6pF$）。

(2) 接通电源，按上定位键(弹出电源键)，让仪器预热 30min，视情况机械调零。

(3) 波段旋钮置于 3，频率盘置于 1MHz。

(4) 调节可变电容 C 盘，使之远离谐振点(可放在 100pF 或者 500pF)。

(5) 调节定位旋钮，使指针校准到 Q 表头上的红线位置。

(6) 按下 Q300 键，调节 Q 零位旋钮，使指针校准到零位。

(7) 如果没有到零位，重复步骤(4)、(5)，直到调好为止。

(8) 不连接试样，按下 Q300 键，ΔC 盘置于 0，转动 C 盘，使 Q 值最大，得 Q_1、C_1。

(9) 回到定位状态，连接上试样，同步骤(8)测试，得 Q_2、C_2。

(10) 按下定位键，取出(更换)试样。

(11) 结束时，按下电源键关闭仪器，拔掉电插头。

五、注意事项

(1) 试样表面必须平整，厚度均匀，且试样需经过清洁处理、干燥处理。

(2) 估测被测试样的 Q 值，将"Q 值范围"开关放在适当的按钮上。
(3) 实验过程必须保持恒温、恒湿。

六、思考题

(1) 试样中含有杂质，其测定结果会怎样？试举例说明。
(2) 实验环境条件如温度、湿度对测定结果有何影响？
(3) 聚合物极性与介电常数和介电损耗的关系是什么？

击穿电压、击穿强度和耐电压实验

一、实验目的

(1) 了解测定聚合物击穿电压、击穿强度和耐电压的基本原理。
(2) 掌握聚合物击穿电压、击穿强度和耐电压的测定方法。
(3) 正确使用仪器。

二、实验原理

本实验采用连续均匀升压或逐级升压的方法，对试样施加交流电压，直至击穿，测出击穿电压值(kV)，与两个电极间试样的厚度，计算试样的击穿强度(kV/mm)。采用迅速升压的方法，将电压升到规定值，保持一定时间试样不击穿，记录电压值和时间即为此试样的耐电压值。

本方法适用于固体电工绝缘材料如绝缘漆、树脂和胶、浸渍纤维制品、层压制品、云母及其制品、塑料、薄膜复合制品、陶瓷和玻璃等在工频电压下击穿电压、介电强度和耐电压的测试。对有些绝缘材料如橡胶制品、薄膜等的上述性能实验，可按有关标准或参考本实验进行。

图 21-6　电压击穿试验仪

三、实验仪器和实验试样

1. 实验仪器

GJW-100kV 电压击穿试验仪，仪器外形如图 21-6 所示，其主要由升压系统(高压变压器)、测量系统、A/D 转换器、放电系统、电极、油箱、电极定位架、计算机数据处理系统、软件等组成。主要技术参数如表 21-4 所示。

表 21-4　电压击穿试验仪主要技术参数

参数	指标	参数	指标	参数	指标
输入电压/V	220	输出电压/kV	(0~100)±5	测量误差/%	≤2
耐压时间/s	0~4	升压速率/(kV/s)	0.5~10	功率/kW	10

其中接触试样表面的电极形状，使用圆形铜电极，直径 Φ6.3mm、重 50g。

2. 实验试样

1）试样尺寸

试样的形状和尺寸见表 21-5。试样表面应平整、均匀，无裂纹、气泡和机械杂质等缺陷。每个试样至少有 3 个样品。本实验采用试样的尺寸为直径 120mm，厚度 4mm 的圆片。

表 21-5　试样的形状和尺寸

项目	试样形状	尺寸/mm	适用范围
一般实验	板状	方形：边长≥100 圆形：直径≥100	包括箔片、漆片、漆布、板材及型材试样
	型材		
	管状	长 100~300	
	带状	长≥150、宽≥5	
沿层实验	板状	长 100、宽 25	板对板电极
		长 60、宽 30	针销对板电极及锥销电极
	管棒状	高 25±0.2、弧长≤100 的一段环	
		长 100	锥销电极
		高 30	针销对板电极
表面耐电压实验	管棒状	长 150±5	

试样的厚度用厚度测量仪在试样测量面积下沿直径测量不小于 3 点，取其算术平均值作为试样厚度，测量厚度误差为±0.01mm。

2）试样处理

（1）试样的清洁处理：用蘸有溶剂（对试样不起腐蚀作用）的绸布擦洗试样。

（2）试样的预处理：为减小试样以往放置条件的不同而产生的影响，使实验结果有较好的重复性和可比性，预处理条件可按表 21-6 选取。

（3）条件处理：实验前试样在规定的温度下，在一定相对湿度的大气中或完全浸于水（或其他液体）中，放置规定的时间后进行实验，以考核材料性能受温度、湿度等各种因素影响的程度。处理条件和方法按产品标准规定。

表 21-6 试样预处理条件

项目	条件 1	条件 2	条件 3
温度/℃	20±5	70±2	105
相对湿度/%	65±5	<40	<40
时间/h	≥24	4	1

(4) 试样的正常化处理：在一般情况下，经过加热预处理或高温处理后的试样，应在温度为(20±5)℃和相对湿度(65±5)%的条件下放置不少于 16h，再进行实验。

3) 实验媒质

(1) 液体媒质。常态实验及 90℃以下的热态实验采用清洁的变压器油，90~300℃以内的热态实验采用清洁的过热气缸油。

(2) 气体媒质。采用空气，如有飞弧可在电极周围加用柔软硅橡胶之类的防飞弧圈。防飞弧圈与电极之间有 1mm 左右的环状间隙，其环宽 30mm 左右。

4) 实验环境

(1) 常态实验环境温度为(20±5)℃，相对湿度(65±5)%。

(2) 热态实验或潮湿环境实验条件由产品标准予以规定。

四、实验步骤

1. 击穿电压、击穿强度的测定

(1) 连续均匀升压法采用连续均匀升压。升压速率见表 21-7。

表 21-7 连续升压速率

试样击穿电压/kV	升压速率/(kV/s)	试样击穿电压/kV	升压速率/(kV/s)
<1.0	0.1	5.1~20	1.0
1.0~5.0	0.5	>20	2.0

(2) 1min 逐级升压法按下列方式升压。第一级加电压值为标准规定击穿电压的 50%，保持 1min，以后每级升压后保持 1min，直至击穿，级间升压时间不超过 10s，升压时间应计在 1min 内，采用的每级电压值按表 21-8 中规定。如果击穿发生在升压过程中，则以击穿前开始升压的那一级电压作为击穿值。如果击穿发生在保持不变的电压级上，则以该级电压作为击穿电压。

表 21-8 逐级升压法每级电压值

击穿电压值/kV	5 以下	5~25	26~50	51~100	>100
每级升压电压值/kV	0.5	1	2	5	10

(3) 实验结果和数据处理:

① 击穿的判断:试样沿施加电压方向及位置有贯穿小孔、开裂、烧焦等痕迹为击穿,如痕迹不清可用重复施加实验电压来判断。

② 击穿电压单位为kV,以各次实验的算术平均值作为实验结果,取三位有效数字。

③ 击穿强度(E_b)按下式计算:

$$E_b = \frac{U_b}{h}$$

式中 E_b——击穿强度,kV/mm;

U_b——击穿电压,kV;

h——试样厚度,mm。

2. 耐电压测试

在试样上连续均匀升压到一定的实验电压后保持一定时间,试样若不击穿则规定此电压为耐电压值。实验电压和时间由产品标准规定。

五、注意事项

(1) 试样必须按照要求进行处理。

(2) 注意实验环境。常态实验环境温度为(20±5)℃,相对湿度为(65±5)%;热态实验或潮湿环境实验条件由产品标准予以规定。

六、思考题

(1) 不同的试样制备方法所得的样品测试结果有何不同?为什么?

(2) 试样中的含水量对测定结果有什么影响?

(3) 实验条件对实验结果有什么影响?如何影响?

实验二十二　燃烧性能测试

高分子材料由于其优良的性能特点在很多行业得到广泛应用，但是高分子材料又具有易燃性，使其应用范围受到限制。高分子材料应用于汽车、飞机、船舶、建筑材料、家具、家电等必须是难燃性材料，即采用不燃性或自熄性材料。

任何一种材料的燃烧，其过程是非常复杂的。材料的燃烧是带有烟尘发出火焰的氧化过程，这种燃烧与材料的结构元素以及内部的结构键能有关系。因此不同材料的燃烧难易、自熄性、燃烧性状是不同的。通常高分子材料燃烧性能的测试方法有：燃烧速度、烟密度、水平垂直燃烧、极限氧指数、锥形量热仪法。

燃烧性能实验主要为塑料氧指数和烟密度测试。

氧指数实验

氧指数是指在规定的试验条件下，氧氮混合物中材料刚好保持燃烧状态所需要的最低氧浓度(体积分数)，也称极限氧指数。利用氧指数测定塑料燃烧性，此法可精确地用具体数字来评价塑料的点燃性。氧指数高表示材料不易燃烧，氧指数低表示材料容易燃烧，一般认为氧指数$<22\%$属于易燃材料，氧指数在22%~27%之间属可燃材料，氧指数$>27\%$属难燃材料。

一、实验目的

(1) 熟悉氧指数仪的组成、构造。

(2) 掌握氧指数仪的工作原理及使用方法。

(3) 掌握测定塑料氧指数的过程。

二、实验原理

一定形状尺寸的试样垂直固定在向上流动的氧、氮混合气体的透明燃烧筒里，点燃试样顶端，观察试样的燃烧特性，把试样连续燃烧时间或试样燃烧长度与给定的判据相比较，通过在不同氧浓度下的一系列试验，测得维持燃烧时的最低氧浓度值。

试样点燃的方式有两种：

顶面点燃法：是在试样上端的顶表面使用点火器引发燃烧。将火焰的最低部分接触试样顶端并覆盖整个顶表面，但不能使火焰对着试样的垂直面或棱。施加火焰30s，每隔5s移开一次，移开时恰好有足够的时间观察试样的整个顶面是否处于燃烧状态。在每增加 5s 后，观察整个试样顶面持续燃烧，立即移开点火器，此时试样被点燃并开始记录燃烧时间和燃烧的长度。

扩散点燃法：是用点火器产生的火焰通过顶面下移到试样的垂直面。下移点火器把可见火焰施加于试样顶面并下移到垂直面近 6mm，连续施加火焰 30s，每 5s 检查试样燃烧中断情况，直到处于稳定燃烧或可见燃烧部分达到试样的上标线为止。为了测量燃烧时间和燃烧长度，当燃烧达到试样上标线时，就认为试样被点燃。

注：燃烧部分包括任何沿试样表面淌下的燃烧滴落物。

1. 单个试样燃烧行为的判断

氧指数法测定高分子材料燃烧行为的判据见表 22-1。按照表中燃烧评价准则，观察并终止试样的燃烧，同时记下燃烧特性。

表 22-1　氧浓度测量的判据

试样型式	点燃方式	判据（两者取一）	
		点燃后燃烧时间/s	燃烧长度
Ⅰ、Ⅱ、Ⅲ、Ⅳ	顶面点燃法	180	试样顶端以下 50mm
Ⅰ、Ⅱ、Ⅲ、Ⅳ	扩散点燃法	180	上标线以下 50mm
Ⅴ	扩散点燃法	180	上标线（框架上）以下 80mm

（1）按照两种方法点燃试样后，开始记录燃烧时间，并观察燃烧行为。如果燃烧中止，但是 1s 内自发再燃，则继续观察和计时。

（2）如果试样的燃烧范围和周期都不超过表 22-1 规定的相应试样的对应极限值，记下燃烧范围和时间，此次记录为“O”反应。如果燃烧范围和周期超过规定的相应极限，则相应记录燃烧行为，熄灭火焰，把这次实验记录为“×”反应。

注意：不同形状的试样或不同的点燃方式及实验过程，不能产生等效的氧指数结果；当试样上任何可见的燃烧部分，包括垂直表面流淌的燃烧滴落物，通过表 22-1 规定的标线（燃烧长度）时，认为超过了燃烧范围。

2. 氧浓度的确定

1）试样氧浓度的初步选择

一般试样氧浓度初步选择可以采用相似材料实验结果或者试样在空气中燃烧情况而估计。如果试样燃烧迅速，则起始氧浓度选为 18%；如果试样燃烧缓慢或时断时续，起始氧浓度选为 21%；如果试样燃烧不连续，离开火源即熄，起始氧浓度至少选 25%。

调整气体混合器和流量计，使氧/氮气体在（23±2）℃下混合，氧浓度达到设定值，并以（40±2）mm/s 的速度通过燃烧筒。在点燃试样前需要用混合气体冲洗燃烧筒 30s，确保点燃及试样燃烧期间气体流速不变。

如果三个试样至少有两个在超过表 22-1 相关判据以前火焰熄灭，记录“O”反应，则材料的氧指数不低于指定值；相反则材料的氧指数低于指定值。

2）初始氧浓度确定

以采用任一合适的步长，以“少量样品升降法”，按照下面步骤进行燃烧实验。

（1）试样点燃后如果燃烧范围和周期都不超过表 22-1 规定的相应试样的对应极限值，氧浓度过低，记录反应符号“O”，必须提高氧浓度。

（2）试样点燃后如果燃烧范围和周期都超过表 22-1 规定的相应试样的对应极限值，氧浓度过高，记录反应符号“×”，必须降低氧浓度。

（3）重复步骤(1)(2)直到两个氧浓度相差≤1.0%，并且一次是“O”反应，一次“×”反应为止，这对氧浓度反应符号为“O”反应就是初始氧浓度(C_0)，见表 22-2举例，并填入试验记录表 22-7 中。

表 22-2　初始氧浓度确定举例(以燃烧时间作为判据)

氧浓度/%	25.0	35.5	30.0	32.0	31.0
燃烧时间/s	10	>180	140	>180	>180
反应符号“×”“O”	O	×	O	×	×

从表 22-2 看到，氧浓度间距不大于 1.0%的一对“×”“O”，“O”反应符号的氧浓度为 30.0%，即为初始氧浓度，同时作为下次实验的首次测定值。

3）极限氧浓度的确定

（1）用初始氧浓度(C_0)，同时保持氧浓度步长 0.2%，测得氧浓度值及对应的反应，直至得到不同初始氧浓度测定的反应结果，记下这些氧浓度值及其反应。这些反应，即为 N_L系列，见表 22-3。

表 22-3　系列氧浓度测定举例(以燃烧时间作为判据)

项目	N_T系列测量									
	N_L系列测定					N_L系列其余结果				C_F
氧浓度/%	30.0	29.8	29.6	29.4	……	29.4	29.6	29.4	29.6	29.8
燃烧时间/s	>180	>180	>180	>150		150	>180	110	165	>180
反应“×”“O”	×	×	×	O		O	×	O	O	×
查表 22-4	见栏数(2、3、4 或 5)：4					行数(1~16)：7				
	由表 22-4 获得的 k 值：1.25									
	故 $k=-1.25$									

注：连续改变氧浓度所用的步长 $d=0.2\%$。

（2）以步骤（1）测定的最后一个氧浓度，保持氧浓度步长0.2%，再测定4个试样，记下各次的氧浓度以及对应的反应，最后一条试样的氧浓度，用 C_F 表示。这4个结果连同步骤（1）试验结果，组成 N_T 系列的其余结果，即 $N_T=N_L+5$（该系列的测试是利用 $N_T-N_L=5$ 这一特定条件）。见表22-3系列氧浓度测定举例。

$$OI = C_F + kd = 29.8 + (-1.25 \times 0.2) = 29.5$$

3. 氧指数计算

氧指数 OI，以体积分数表示，按照下式计算

$$OI = C_F + kd$$

式中 C_F——按照上面测量及记录的 N_T 系列中最后氧浓度，见表22-3，以体积分数表示，%，取一位小数；

d——按照使用和控制的氧浓度的差值，以体积分数表示，%，取一位小数；

k——按照表22-4查得的系数。

4. k 值确定

（1）按照表22-3进行燃烧试验测得的最后5个氧浓度，如果第一个反应符号是“×”，在表第一栏中找出所对应的最后5个测定的反应符号，从表22-4（a）项中再找出“O”数目相应的 k 值。

（2）按照表22-3进行燃烧试验测得的最后5个氧浓度，如果第一个反应符号是“O”，在表第6栏中找出所对应的最后5个测定的反应符号，从表22-4（b）项中再找出“×”数目相应的 k 值。但是符号相反，查表22-4的负号变成正号，反之亦然。见表22-3系列氧浓度测定举例。

表22-4　由升降法进行测定时用于计算氧指数浓度的 k 值

1	2	3	4	5	6
最后五次实验的反应	N_L 前几次测试的反应如下时的 k 值				
	(a)O	OO	OOO	OOOO	O××××
×OOOO	-0.55	-0.55	-0.55	-0.55	O×××O
×OOO×	-1.25	-1.25	-1.25	-1.25	O×××O
×OO×O	0.37	0.38	0.38	0.38	O××OO
×OO××	-0.17	-0.14	-0.14	-0.14	O×O××
×O×OO	0.02	0.04	0.04	0.04	O×O××
×O×O×	-0.50	-0.46	-0.45	-0.45	O×O×O
×O××O	1.17	1.24	1.25	1.25	O×OO×
×O×××	0.61	0.73	0.76	0.76	O×OOO
××OOO	-0.30	-0.27	-0.26	-0.26	OO×××

续表

1	2	3	4	5	6
××OO×	-0.83	-0.76	-0.75	-0.75	OO××O
××O×O	0.83	0.94	0.95	0.95	OO×O×
××O××	0.30	0.46	0.50	0.50	OO×OO
×××OO	0.50	0.65	0.68	0.68	OOO××
×××O×	-0.04	0.19	0.24	0.25	OOO×O
××××O	1.60	1.92	2.00	2.01	OOOO×
×××××	0.89	1.33	1.47	1.50	OOOOO
	N_L前几次测试的反应如下时的 k 值				最后5次实验的反应
	(b)×	××	×××	××××	
	对应第6栏的反应上表给出的 k 值，但是符号相反，即 $OI=C_F-kd$				

三、实验仪器和原材料试样

1. 实验仪器

XZT-100 氧指数测定仪，是根据国标规定的技术条件制造的一种仪器，用来测定聚合物在燃烧过程中所需的氧气浓度(体积分数)。该仪器可以作为测定聚合物燃烧性能的一种手段，也可作为一种相关的研究工具，从而对聚合物燃烧过程获得较好的认识。本仪器适合于塑料、橡胶、泡沫等材料的燃烧性能测试，是研究、生产阻燃材料必不可少的测试仪器。

氧指数测定仪实验装置见图 22-1。主要组成部分有燃烧筒、试样夹、流量测量和控制系统，其他辅助配有气源、点火器、排烟系统、计时装置等。燃烧筒是内径为 100mm、高 450mm 的耐热玻璃管。筒的下部用玻璃珠填充，在玻璃珠上方有一金属网，以遮挡塑料燃烧时的滴落物。

XZT-100 型氧指数仪主要技术参数见表 22-5。

表 22-5　氧指数测定仪主要技术参数

参数	指标	参数	指标
燃烧筒内径	100mm	实验温度	10~35℃
燃烧筒高	450mm	实验湿度	45%~75%
流量计精度	2.5 级	输入压力	0.2~0.3MPa
压力表精度	2.5 级	工作压力	0.05~0.15MPa
气源	GB 3863 规定的氧气、GB 3864 规定的氧气	试样类型	自撑材料和非自撑材料

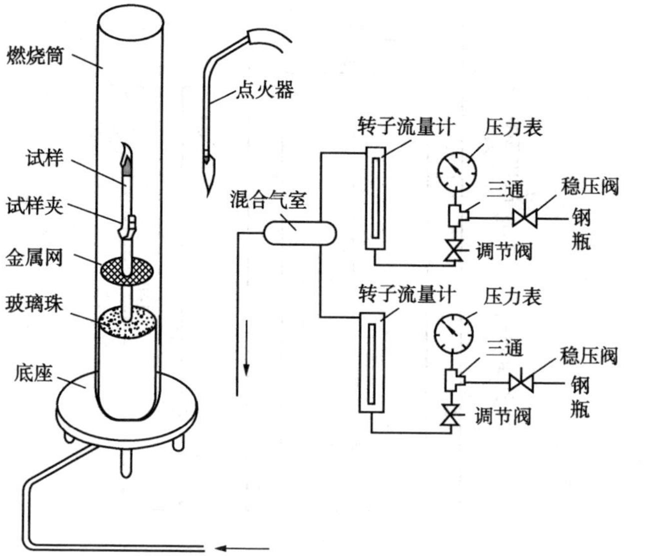

图 22-1　氧指数测定仪实验装置示意

2. 原材料试样

根据材料相应的标准和制备试样的 ISO 方法所规定的程序，模塑或切割出符合表 22-6 所列最宜试样型式规定尺寸的试样。试样表面清洁并且没有影响燃烧行为的缺陷，例如模塑周边溢料或机加工毛刺，要注意试样与样品材料中某种不均匀性有关的位置和方位。

表 22-6　试样尺寸及燃烧方式　　　mm

类型	型式	长度 l	宽度 b	厚度 h	用途
自撑材料	Ⅰ	80~150	10±0. 5	4±0. 25	用于模塑材料
	Ⅱ	80~150	10±0. 5	10±0. 25	用于泡沫塑料
	Ⅲ	80~150	10±0. 5	<10. 5	用于原厚的片材
	Ⅳ	70~150	6. 5±0. 5	3±0. 25	用于电器用模塑材料和片材
非自撑材料	Ⅴ	140_{-5}^{0}	52±0. 5	≤10. 5	用于软片和薄膜等

注：(1) 不同型式、不同厚度的试样，测试结果不可比。

(2) 由于该项实验需反复预测气体的比例和流速，预测燃烧时间和燃烧长度，影响测试结果的因素比较多，因此每组试样必须准备多个(15 个以上)，并且尺寸规格要统一，内在质量密实度、均匀度特别要一致。

(3) 试样表面清洁，无影响燃烧行为的缺陷，如应平整光滑，无气泡、飞边、毛刺等。

(4) 对Ⅰ、Ⅱ、Ⅲ、Ⅳ型试样，标线划在距点燃端 50m 处；对Ⅴ型试样，标线划在框架上或划在距点燃端 20mm 和 100mm 处(图 22-2)。

(5) 不同试样的点燃方式以及燃烧行为的判据见表 22-1。

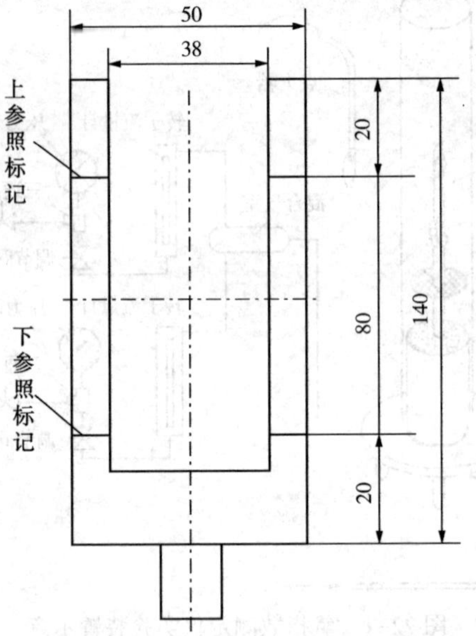

图 22-2　自撑、非自撑试样的框架结构

四、实验步骤

（1）在试样的宽面上距点火端 50mm 处划一标线。

（2）取下燃烧筒的玻璃管，将试样垂直地装在试样夹上，装上玻璃管，要求试样的上端至筒顶的距离不少于 100mm。如果不符合这一尺寸，应调节试样的长度，玻璃管的高度是定值。

（3）根据经验或试样在空气中点燃的情况，估计开始时的氧浓度值。见实验原理。

（4）打开氧气瓶和氮气瓶，气体通过稳压阀减压达到仪器的允许压力范围。

（5）分别调节氧气和氮气的流量阀，使流入燃烧筒内的氧、氮混合气体达到预计的氧浓度，并保证燃烧筒中的气体流速为(4±1)cm/s。本仪器玻璃筒内径为 100mm，则流入筒内的混合气流量范围为 14. 1 ~ 23. 6L/min，例如氧气浓度为 15%时，可取氮气流量为 12L/min，氧气流量为 2. 1L/min。

（6）让调节的气体流动 30s，以清洗燃烧筒。然后用点火器点燃试样的顶部，在确认试样顶端全部着火后，移去点火器，立即开始计时，并观察试样的燃烧情况。

（7）若试样燃烧时间超过 180s 或火焰步伐超过标线时，就降低氧浓度，若不是则增加氧浓度，直到所得氧浓度之差小于 1. 0%。当不需要测试试样的准确氧指数，只是为了与规定的最小氧指数相比较时，采用简化步骤。

按照上面操作，记录所用的氮气流量和氧气流量，按照下面公式计算氧浓度，用体积分数表示：

$$C_O = 100\ V_O/(V_O + V_N)$$

式中 C_O——氧浓度，以体积分数表示,%；

V_O——23℃时，混合气体中每单位体积的氧的体积；

V_N——23℃时，混合气体中每单位体积的氮的体积。

(8) 如果需要计算极限氧指数，则按照步骤(7)继续燃烧实验。经过多次的燃烧实验，记录所用的氧浓度(C_O、C_F)和“×”或“O”反应，得到 N_L 和 N_T 系列，记录并查找系数 k，最后计算氧指数。

注意：做完一个实验后，擦净燃烧筒和点火器表面的污物，使燃烧恢复至常温或另换一个为常温的燃烧筒进行下一个实验，实验时应采用两个燃烧筒交替进行实验。

五、实验数据处理

按照试验记录表 22-7、表 22-8，燃烧长度和燃烧时间都可以作为氧浓度测量的判据。按照实验数据确定 k 值并计算氧指数，有效数字保留到小数点后一位。

表 22-7　确定初始氧浓度记录

氧浓度/%					
燃烧长度/mm					
或燃烧时间/s					
反应符号“×”“O”					

表 22-8　氧浓度测定数据记录

	N_T系列测量									
	N_L系列测定①②					N_T系列其余结果③				C_F
氧浓度/%										
燃烧长度/mm										
或燃烧时间/s										
反应“×”“O”										
查表 22-4	见栏数(2、3、4或5)：					行数(1~16)：				
	由表 22-4 获得的 k 值：									
	故 k=									

六、注意事项

(1) 试样表面状态、边缘飞边、毛刺对燃烧快慢有一定的影响。因毛刺和飞边特别容易引火而使燃烧速度加快。实验前可以轻轻锉去试样的锐边毛刺，以保证试样平稳燃烧。

(2) 实验中，氧气和氮气流量的调节是保证试样燃烧平稳结果准确的关键。各压力表、稳压表必须定期检查，特别是稳压表，压力稳定性差的必须更换或修复。

(3) 试样点火前，燃烧筒应该接近室温，并且干净明亮，必须采用 2 个以上燃烧筒交替使用，以便冷却和清理筒内的黑炭。

(4) 燃烧时结炭严重的试样，有的一产生结炭，火焰很快熄火；有的却又能燃烧较长时间。往往同一种材料因结炭多少不同，而燃烧时间有较大差异。为缩小差异，在经过多次预试得出规律，确知对实验结果无影响后，可以在燃烧过程中随时把结炭从火焰上方用长钳移出。

七、思考题

(1) 何谓材料的氧指数？叙述其测定原理。

(2) 定性说明影响氧指数的因素。

烟密度实验

一、实验目的

(1) 了解高分子材料燃烧或分解时烟密度测定的基本原理。

(2) 掌握测定高分子材料燃烧或分解时烟密度的实验方法。

(3) 正确使用测试仪。

二、实验原理

烟密度测定是在一定的条件下，通过光电系统，测定材料燃烧或分解时产生的烟对光的吸收率，以烟对光的吸收率对实验时间作图，并将曲线函数对实验时间积分，得到材料燃烧或分解时产生烟的总量值。主要包括最大烟密度值(*MSD*)和烟密度等级(*SDR*)两个参数。

(1) 最大烟密度值(*MSD*)：3 个平行试样在燃烧过程中每隔 15s 所测得的光吸收率求出平均值，在曲线最高点的光吸收率读数为最大烟密度值(*MSD*)。

（2）烟密度等级（*SDR*）可用下式计算：

$$SDR=\frac{1}{16}(a_1+a_2+\cdots+a_{15}+\frac{1}{2}a_{16})\times 100\%$$

式中，a_1、a_2、$\cdots a_{16}$为每隔 15s 3 个试样平均烟密度的百分率值。

高分子材料燃烧或分解时产生烟雾的量是评定材料阻燃性能的重要指标，因为烟雾使人或动物窒息伤亡的危害，往往比熊熊烈火造成的灾难更大。目前，建筑材料制品检验标准中，烟密度已成为严格控制的性能指标，无烟、低烟高分子材料已成为阻燃材料发展的新趋势。

三、实验仪器和实验试样

1. 实验仪器

YM-3 型烟密度测试仪如图 22-3 所示，该仪器自动计时，自动点火，自动排烟；光通量可自动校正；微电脑控制，配计算机接口可连接计算机操作，同时可直接面板操作。主要技术参数如表 22-9 所示。

图 22-3　YM-3 型烟密度测试仪

表 22-9　烟密度测试仪技术参数

参数	指标	参数	指标
电源电压	220V±10%	烟密度测量范围	0~100%
最大使用功率	0. 5kW	烟密度测量准确度	±3%
燃烧气源	>95%丙烷气	本生灯喷嘴直径和工作倾角	0. 13mm、45°
主燃烧器工作压力	276kPa 可调	辅助燃烧器压力	138kPa 可调

烟密度测试仪分为烟箱及其他部分；

（1）烟箱：烟箱的左右两侧面板上，有电源开关、安全标志开关（背灯开关）、燃气调节装置，另外还有控制排风机的开关（风机开关）。如图 22-4 所示。烟箱由防锈蚀的合金板制成，固定在底座上，底座正面设有操作装置。烟箱正面装有耐热玻璃观察门。烟箱内部左右两侧距离底座 480mm 高处的中心各装有直径为 70mm 的不漏烟的玻璃圆窗，作为测量光线的出射和入射口；烟箱内部的背面装有一块可拆卸的白色塑料板，在其距离底座 480mm 的居中处有高 90mm、宽 150mm 的清晰区，通过这个清晰区可以看见白底背景上的红色安全标志。安全标志后面装有两只功率为 8W 的日光灯；烟箱底部四边，有高 25mm、宽 230mm 的开口，烟箱其余部分均应密封。

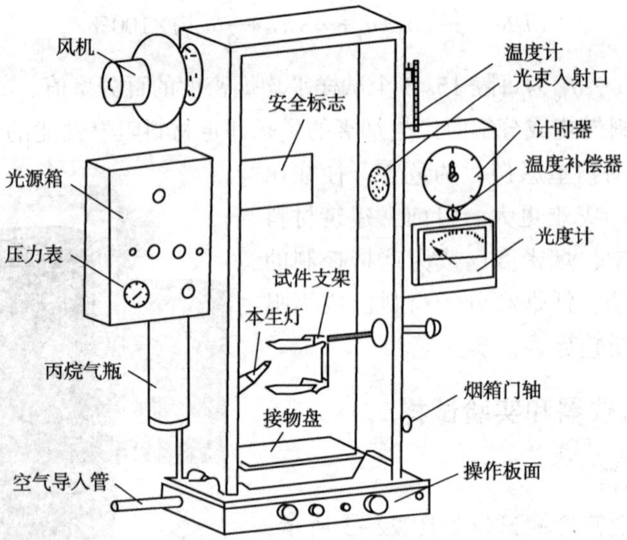

图 22-4　烟箱结构示意

(2)排风机：安装在烟箱左外侧，排风量为 1700L/min，由一个调节器控制气门开关。

(3) 试件支架：由上下两个规格相同的正方形框槽组成，上框槽内放有一块金属格网，下框槽内嵌一块石棉板。

(4) 燃烧系统：燃气采用纯度≥85%的丙烷气。丙烷气工作压力通过压力调节器调节(压力表读数)。燃烧实验采用本生灯火焰，如图 22-4 所示，烟箱底座左外侧设有一根长导管，作为本生灯工作时所需空气的导入通道。

(5) 光电系统：如图 22-4 所示，光源安装在烟箱左外侧、距底座上表面 480mm 居中处的箱内。光源灯泡为灯丝密集型显微灯泡，功率 15W。灯泡发射的光束由一个焦距为 60~65mm 的透镜聚焦在右侧光电池上。光电池应在 50℃以内工作。光电池的温度效应可由一个补偿装置来调节。烟箱右外测装有光度计，用于指示光束通过烟箱之后的光强度，其读数为烟对光的吸收率值，量程为 0~100%和 90%~100%。

(6) 计时装置：采用一只以间隔 15s 发出蜂鸣声的计时器。当本生灯转动到工作位置时，计时器开始记时。

2. 实验试样

试样的外形尺寸见表 22-10 规定。每组试样为 3 个。试样加工可采用机械切磨。试样应表面平整，厚度均匀，无飞边和毛刺等缺陷。实验前，试样应放置在温度(23±2)℃、相对湿度(50±6)%的环境中达40h以上。

表 22-10　试件的外形尺寸及偏差　　mm

<table>
<tr><th>材料密度</th><th>长度 l</th><th>宽度 b</th><th>厚度 h</th></tr>
<tr><td>≥100kg/m^3</td><td rowspan="3">30±0. 3</td><td rowspan="3">30±0. 3</td><td>6±0. 3</td></tr>
<tr><td>100~1000kg/m^3</td><td>10±0. 3</td></tr>
<tr><td><1000kg/m^3</td><td>25±0. 3</td></tr>
</table>

四、实验步骤

(1) 实验应在通风橱中进行，首先打开排风机和安全标志灯，检查气路。

(2) 关闭排风机，打开丙烷气阀门，立即点燃本生灯，并把丙烷气的压力调至210kPa。根据光电池的温度指示，将温度补偿器调节到所示修正值的位置。打开测量光源开关，调节光源电位器，使光度计指示的光吸收率为0；然后用一块不透光的板挡住光束，使光度计指示的光吸收率为100%。

(3) 将试件平放在实验支架的钢丝网上，其位置应处于本生灯工作时燃烧火焰刚好对准试件下表面的中心。

(4) 将计时器调整到4min刻度位置。关闭烟箱门，将本生灯转入工作位置，实验开始记时。每隔15s记录一次烟对光的吸收率值，每次实验进行4min，记录实验数据最大烟密度值(*MSD*)和烟密度等级(*SDR*)。

(5) 实验结束，先关闭气源，待管内燃气燃尽再关闭电源。

五、注意事项

(1) 实验应在通风橱中进行，实验前注意检查气路、通风系统，严禁燃气泄漏。

(2) 实验过程须佩戴防护手套，注意防止高温烫伤。

(3) 实验室严禁出现实验以外的易燃易爆品，实验室须配备灭火器材。

(4) 实验结束时应先关闭气源，待燃气燃尽后再关闭电源。请务必清理实验残留或滴落物。

(5) 实验结束后须打开排风机，排除有害气体，更换新鲜空气。

六、思考题

(1) 实验过程哪些因素会影响实验结果？如何提高实验的准确性？

(2) 最大烟密度和烟密度等级分别表示材料燃烧的什么特点？了解这些指标有什么意义？

参 考 文 献

[1] 吴智华．高分子材料加工工程实验教程[M]．北京：化学工业出版社，2004.
[2] 肖汉文，等．高分子材料与工程实验教程[M]．北京：化学工业出版社，2016.
[3] 刘弋璐．高分子材料加工实验[M]．北京：化学工业出版社，2018.
[4] 张军，等．聚合物燃烧与阻燃技术[M]．北京：化学工业出版社，2005.
[5] 欧育湘，等．材料阻燃性能测试方法[M]．北京：化学工业出版社，2007.
[6] GB/T 2406.2—2009《塑料　用氧指数法测定燃烧行为》.
[7] 吴清鹤．塑料工艺实验指南[M]．北京：中国轻工业出版社，2000.
[8] 陈平，等．环氧树脂及其应用[M]．北京：化学工业出版社，2004.
[9] 胡玉明．环氧固化剂及添加剂[M]．北京：化学工业出版社，2011.
[10] 王慧敏．高分子材料加工工艺学[M]．北京：中国石化出版社，2012.
[11] 刘长维．高分子材料与工程实验[M]．北京：化学工业出版社，2004.
[12] 赵素合，等．聚合物加工工程[M]．北京：中国轻工业出版社，2001.